FRÉQUENCE

DES LÉSIONS DU MAMELON

ET DE LA

MAMELLE CHEZ LES NOURRICES

FRÉQUENCE
DES LÉSIONS DU MAMELON

ET DE LA

MAMELLE CHEZ LES NOURRICES

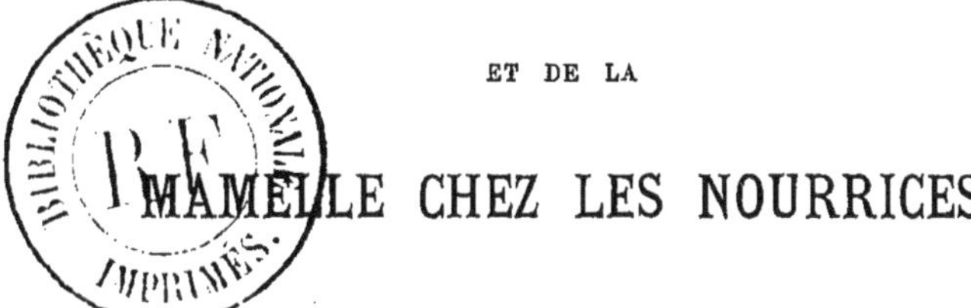

Remarques statistiques sur 589 observations d'accouchements

et de suites de couches.

PAR

Stéphane COURGEY,

Docteur en médecine de la Faculté de Paris.

PARIS

A. PARENT, IMPRIMEUR DE LA FACULTÉ DE MÉDECINE

29-31, RUE MONSIEUR-LE-PRINCE, 29-31

1877

FRÉQUENCE

DES LÉSIONS DU MAMELON

ET DE LA

MAMELLE CHEZ LES NOURRICES

REMARQUES STATISTIQUES SUR 589 OBSERVATIONS D'ACCOUCHEMENTS ET DE SUITES DE COUCHES.

AVANT-PROPOS.

En suivant le service d'accouchements de l'hôpital de la Pitié, il nous a été donné de remarquer combien de femmes, malgré l'heureuse issue de l'accouchement et l'abondance de la sécrétion lactée, sont forcées de renoncer à l'allaitement, ou ne nourrissent qu'au prix des plus vives douleurs, par suite d'une mauvaise conformation, ou d'une simple lésion du mamelon. Notre vénéré et regretté maître, le professeur Lorain, nous faisait remarquer chaque jour, combien les lésions du mamelon et de la mamelle sont fréquentes chez les nourrices, et il ne cessait de nous parler de l'influence considérable qu'elles ont sur l'allaitement maternel, sur la santé et sur la vie des enfants.

Beaucoup de praticiens, selon nous, n'attachent pas à ces accidents l'importance qu'ils méritent; de là, pour les mères, la nécessité de confier leurs enfants à une nourrice étrangère, ou, si cette ressource n'est pas accessible à leur position de fortune, de recourir à l'allaitement artificiel. Or, il y a dans ce mode d'allaitement des inconvénients incontestables, trop faciles à démontrer par la statistique; on lui attribue, à juste titre, surtout à Paris et dans les grandes villes, la plus grande part dans la mortalité des jeunes enfants.

Le professeur Lorain était, plus que personne, pénétré de l'importance de ces lésions, et ils insistait surtout sur leur fréquence. En avril 1875, dans une de ses cliniques attrayantes et toujours fécondes en enseignements pratiques, il nous disait : « Ces lésions sont très-nombreuses; aucune statistique n'a été faite sur leur fréquence; il y aurait un travail à faire là-dessus. » Nous avons recueilli ces paroles, et nous nous sommes fait un devoir de remplir le désir du maître.

L'historique de notre sujet est assez simple. Tous les auteurs qui ont traité des lésions du mamelon et de la mamelle, disent bien que ces lésions sont très-fréquentes, mais c'est tout : aucun chiffre, aucune statistique. Rossi en 1845, dans les *Annali universali di medicina*, et Winckel, à Rostoch, ont seuls donné des chiffres. La statistique de Rossi porte sur 37 primipares, 29 bipares, etc., qui ont eu, ou qui n'ont pas eu d'accidents en nourrissant. Celle de Winckel repose sur 100 observations de nourrices affectées de gerçures du sein. On trouve cependant encore quelques chiffres dans la thèse de Piorry (*Paris*, 1875).

Les résultats de Rossi et de Winckel que nous donnerons en temps et lieu, en les comparant aux nôtres, ont été reproduits dans les nombreux ouvrages qui ont paru depuis sur l'allaitement, sur les nourrices et sur les lésions de la mamelle. Joseph Duval, Chauvel, Madeleine Brès, Grau y O'Donnel, Hœlling, etc., ne font que citer Rossi et Winckel.

Nous nous sommes mis à l'œuvre en mai 1875. Notre travail a duré jusqu'en avril 1877. Pendant le temps qu'il a duré, nous avons eu la douleur de perdre notre premier maître dans les hôpitaux, le professeur Lorain, dont les remarquables enseignements nous ont manqué tout à coup, et dont les précieux conseils nous eussent été si utiles aujourd'hui. Malgré cette perte cruelle, nous avons continué nos recherches. Qu'il nous soit permis d'exprimer ici toute notre reconnaissance pour le maître qui n'est plus, et de dédier à sa mémoire ce modeste travail, comme un pieux souvenir !

Nous n'avons pas la prétention de posséder des observations complètes d'accouchements : nous avons mis tout notre zèle à les recueillir, aidé des excellents conseils de M. Fioupe et de M. Magne, successivement internes du service. Nous les prions de vouloir bien accepter nos remercîments.

Chaque jour nous avons observé toutes les femmes en couches de la salle Notre-Dame de la Pitié, et examiné leurs seins avec le plus grand soin. Nous avons mis toute notre attention à rechercher les lésions de la mamelle, à étudier leurs causes, leur développement, leurs complications, leur gravité, leurs conséquences. En même temps, nous nous occupions de l'enfant, et nous cherchions à saisir les rapports qu'il peut y avoir entre sa santé et l'état des seins de la mère.

Nous avons réuni près de 600 observations personnelles que nous regardons comme complètes au point de vue des lésions de la mamelle. Les résultats que nous donnons, basés sur ces observations, peuvent-ils être considérés comme certains et incontestables? Nous ne craignons pas de répondre que leur valeur ne peut pas être mise en doute. En effet, nous avons examiné des femmes de toutes les conditions et de tous les tempéraments. La foule qui passe par les salles d'accouchement des hôpitaux est composée de femmes de toutes les classes, ainsi qu'on pouvait le désirer pour l'impartialité d'une statistique du genre de celle que nous offrons.

Certainement nous n'avons pas suivi toutes nos malades jusqu'au bout, et durant toute la période pendant laquelle elles ont nourri, mais il ne faut pas croire pour cela que la valeur de nos résultats en soit amoindrie de beaucoup.

En effet, d'après Winckel et d'après nos remarques personnelles, nous voyons que les lésions du mamelon et, par suite, de la mamelle sont *très-rares* après le douzième jour. En outre, d'après le même auteur, elles se manifesteraient dans les premiers jours, et surtout avant le quatrième jour. Or, nous avons éliminé avec soin de notre statistique toutes les nourrices qui ont allaité, ou qui ont été présentes moins de quatre jours. Les autres ont été scrupuleusement observées, durant tout leur séjour. Lorsque les suites de couches étaient normales, la durée du séjour des nourrices était de neuf jours. Les nourrices atteintes de lésions assez graves du mamelon ou de la mamelle séjournaient à l'hôpital jusqu'à guérison à peu près complète, ou durant un temps assez long pour que l'on pût considérer les observations que nous en avons prises comme complètes.

D'ailleurs, en réfléchissant que parmi les nourrices sorties le neuvième jour, chez lesquelles nous n'avions rien constaté, il en est quelques-unes qui ont pu présenter des lésions les jours suivants, et que parmi celles qui sont sorties considérées comme guéries, il en est, comme nous l'avons coonstaté nous-même, qui ont présenté dans la suite des mammites et des abcès, on verra que nos chiffres ne peuvent être que trop faibles, et qu'il est impossible qu'on puisse nous soupçonner d'exagération.

C'est avec raison que depuis quelque temps, surtout en présence de statistiques fournies par nos voisins d'outre-Rhin, on s'est défié des résultats statistiques. Il est certain que, si une statistique bien faite donne des résultats féconds en conclusions utiles, et jette une vive lumière sur certaines questions, par contre, une statistique basée sur des faits mal observés, mal interprétés, ou de nature tellement différente qu'ils ne sont point comparables, conduit à des résultats peut-être surprenants et magnifiques en apparence, mais déplorables dans l'application. On fait dire bien des choses à la statistique. Quelques personnes vont même jusqu'à avancer qu'on lui fait dire tout ce que l'on veut. Mais si l'on suit l'exemple du fondateur de la statistique vraie, l'illustre Louis, si l'on reste dans les bornes de la précision et de la vérité, si l'on observe scrupuleusement les faits, et si l'on a soin de ne comparer que des choses comparables, on arrivera forcément à des conclusions rigoureuses dont on pourra tirer un excellent parti.

Le but de ce travail, qui est tout entier le résultat de nos observations personnelles, a été de décrire les lésions du mamelon et de la mamelle, d'en examiner les causes et de faire voir, en nous appuyant sur des chiffres, que ces lésions sont très-fréquentes chez les nourrices.

Ensuite nous étudierons la question de fréquence à divers points de vue : chez les nourrices en général, chez les primipares, chez les multipares. Nous examinerons aussi la fréquence comparée du sein gauche et du sein droit, et la fréquence suivant le teint.

Dans un chapitre spécial que nous aurions voulu donner plus complet, nous ferons voir que ces lésions ont des conséquences telles qu'on doit y attacher plus d'importance qu'on ne le fait généralement. Ce chapitre sera suivi d'une série d'observations démontrant que les lésions, ou la malformation des mamelons, rendent souvent l'allaitement maternel impossible.

Nous terminerons par un mot du traitement.

CHAPITRE PREMIER.

DES LÉSIONS DU MAMELON ET DE LA MAMELLE PAR SUITE DE L'ALLAITEMENT.

Depuis l'excellent travail de J. Duval, *Du mamelon et de son auréole*, qui a servi de base à la plupart des ouvrages dans lesquels a été traitée cette matière, il n'a paru presque rien de nouveau sur ce sujet. Nous n'ajouterons rien aux nombreux travaux qui ont été publiés sur cette importante question. Nous ne voulons point répéter longuement ce qui a été dit tant de fois; ce n'est pas notre but. Nous nous contenterons de rappeler, aussi brièvement que possible, la nature, les causes, les symptômes des diverses affections du sein survenant à la suite de l'allaitement.

Lorsqu'on pense au grand nombre de nourrices dont les mamelons sont atteints de crevasses pendant l'allaitement, et à la rareté de cette affection chez les femelles des animaux, on est porté à se demander qnelle en est la cause. Il est bien certain que les femmes sont moins favorisées que la plupart des nourrices, dans les autres espèces, dont les mamelles ressemblent à de vastes entonnoirs pendants avec des pjs énormes. Les organes de l'allaitement chez les animaux ne laissent rien à désirer. Chez eux, la disposition générale des mamelles nous paraît plus favorable à l'allaitement que chez la femme. Le mamelon de la femme, même en dehors des cas de mauvaise conformation provenant de l'usage du corset, est plus mal conformé que celui des animaux. Il ne nous paraît pas inutile d'entrer, à ce sujet, dans quelques détails d'anatomie comparée.

Nous ne rappellerons point ici l'anatomie propre de la mamelle et du mamelon chez la femme.

Disposition des mamelles et du mamelon chez les Mammifères. — Chez quelques Mammifères, la glande mammaire est formée de cæcums claviformes très-développés (*Monotrêmes*), ou ramifiés (*Cétacés*).

Les Cétacés, les Marsupiaux, les Monotrêmes, ont les mamelles recouvertes par un muscle cutané dont la contraction détermine la sortie du lait (Cauvet).

Chez la plupart des autres Mammifères, la constitution générale de la mamelle est sensiblement la même, surtout au point de vue de la disposition musculaire.

Si, à cet égard, il y a un point de ressemblance entre la mamelle chez la femme et le même organe chez quelques Mammifères, il n'en est pas de même de la constitution générale du mamelon, qui présente une tout autre organisation chez les Mammifères à mamelles déclives. Chez ces animaux, il est ordinairement creux et percé à l'extérieur de un ou deux orifices seulement, quoique les canaux excréteurs soient en plus grand nombre. Celui de la vache peut être pris comme type. Chez elle, le mamelon (*trayon*, *tétine*) est creux, et présente une longue et large cavité à parois assez épaisses. Ce réservoir se termine brusquement à sa partie inférieure, et s'ouvre au dehors par un petit canal d'un centimètre de longueur environ ; à ce réservoir ainsi creusé dans l'épaisseur du mamelon, viennent aboutir tous les conduits excréteurs de la portion de la glande mammaire à laquelle appartient le trayon. Les parois du canalicule terminal sont constamment rapprochées, et même resserrées par un épais anneau de tissu fibro-élastique que l'on peut considérer comme un véritable sphincter, organe qui manque tout à fait à la mamelle humaine. (J. Duval.)

Dans l'espèce humaine, il n'y a pas de réservoir, car on ne peut considérer comme tels les renflements ou sinus que présentent les canaux galactophores. En raison de cette absence de réservoir, il arrive que la sécrétion du lait n'est pas continue chez la femme. Comme celle de la salive, elle se fait petit à petit, au fur et à mesure des besoins. Certaines femmes même sentent leur lait monter pendant la succion de l'enfant. C'est ce qui explique bien pourquoi le lait coule par un sein, lorsque l'enfant tète l'autre. Disons en passant que, pour cette raison, c'est une erreur de croire que les femmes qui ont les plus grosses mamelles, sont les meilleures nourrices.

La position des glandes mammaires varie beaucoup; presque toujours ces organes sont situés sur la face ventrale du corps, soit dans la région thoracique, soit sous l'abdomen, ou dans le voisinage de l'anus; mais, dans quelques espèces, ils se rencontrent sur les flancs, ou se logent même sur le dos, ainsi que cela se voit chez le Myopotame, grand rongeur voisin du Castor.

Les mamelles sont pectorales, ou à la fois pectorales et épigastriques, chez les Mammifères qui se rapprochent le plus de l'homme par l'ensemble de leur organisation, c'est-à-dire les Quadrumanes, et chez ceux qui ont avec ces derniers des rapports zoologiques très-intimes, tels que les Chéiroptères : mais ce caractère n'appartient pas exclusivement à ces animaux ; il se retrouve aussi chez quelques représentants d'autres types, les Éléphants, certains Tatous et les Siréniens, par exemple. Chez la plupart des Quadrupèdes,les mamelles sont abdominales, parfois elles sont logées dans les aines, ainsi que cela se voit chez le cheval et le chameau ; enfin, chez les Cétacés, elles ne s'ouvrent au dehors que sur les côtés de la vulve ; et l'on connaît un petit Insectivore, où elles sont refoulées sous la base de la queue.

Quelquefois, notamment chez les Cétacés, les mamelons se trouvent cachés dans une petite fente cutanée, de facon à ne pas être apparents au dehors, et chez d'autres animaux de cette classe, cette disposition se prononçant davantage, il en résulte que les mamelles occupent le fond d'une grande poche formée par deux replis de la peau du ventre, et susceptible de loger les petits, pendant toute la période de l'allaitement. C'est à ce mode d'organes que les Marsupiaux (*Mammifères à bourse*) doivent le nom qu'ils portent. (Milne-Edwards.)

Le nombre des mamelles varie de 2 à 14, et paraît être en rapport avec celui des petits. (Cauvet.)

Chez les Carnassiers, Insectivores, Rongeurs,il y en a de 4 à 12, occupant la région abdominale, pouvant atteindre jusqu'à la pectorale et formant deux séries ; il en est de même chez les Porcs. Chez plusieurs Marsupiaux, elles se limitent à un cercle sur la région ventrale, précisément là où sont placées les deux mamelles d'autres Marsupiaux (*Macropus*, *Phascolarctus*,

Phascolomys,etc.), et celles des Monotrèmes.(Gegenbaur, *Anatomie comparée.*)

En comparant la position généralement déclive des mamelles des Mammifères avec la position proéminente et horizontale des mamelles de la femme; en réfléchisant à la constitution propre du mamelon dans les différents ordres des Mammifères, en tenant compte des mauvaises conformations du mamelon produites par l'usage des vêtements ou du corset chez les femmes, il sera facile de voir que, sous le rapport de l'allaitement, les femelles des animaux sont mieux partagées que la femme, et on comprendra, sans qu'il soit besoin pour nous d'entrer dans d'autres détails, que les lésions du mamelon chez les nourrices soient bien plus communes chez les femmes que chez les autres animaux.

Vices de conformation du mamelon chez la femme. — Après avoir rappelé la disposition défectueuse des mamelles chez la femme, nous allons examiner une autre cause très-fréquente de difficulté de l'allaitement. Nous voulons parler des vices de conformation du mamelon.

Ces vices de conformation, insignifiants et sans importance dans l'état ordinaire, peuvent devenir le poin de départ d'affections graves pendant l'allaitement, et il serait bon que, chez une femme enceinte qui se propose de nourrir, le médecin examinât toujours le mamelon avant la fin de la grossesse. C'est ce qui ne se fait presque jamais.

Nous nous bornerons à signaler ces vices de conformation :

1° Présence de plusieurs mamelons sur une mamelle. — Rare (1).

2° Excès de volume, hypertrophie du mamelon. — Très-rare.

3° Absence du mamelon. Elle peut-être naturelle ou accidentelle ; mais dans tous les cas elle est rare.

4° Brièveté du mamelon.

5° Mamelon rétracté, enfoncé, renversé, rentré. L'orifice extérieur est tantôt circulaire, tantôt en forme de boutonnière (2). C'est presque toujours une difformité acquise. Parmi les cinq cents femmes dont nous avons noté la forme du mamelon, nous en avons trouvé soixante-dix dans ce cas.

6° Imperforation des mamelons. Congénitale, elle est très-rare ; accidentelle par oblitération des conduits galactophores, elle se rencontre assez souvent.

7° Endurcissement du mamelon. Dû à la compression.

Lésions du mamelon. — Avec M. Lannelongue (art. *Mamelle*, du Dictionnaire de médecine et de chuirurgie pratiques), nous dirons : les gerçures, les fissures, les crevasses ne sont autre chose que des excoriations plus ou moins superficielles ; la forme, plutôt que la profondeur ou l'étendue de la lésion, détermine le nom qu'on

(1) Nous avons observé deux fois des mamelons bilobés, comme doubles. Voir en particulier obs. XIV.

(2) Orifice en boutonnière. Voir obs. XXV.

leur donne. Les causes en sont, du reste, les mêmes. Toutes les lésions du mamelon, érosions, excoriations, gerçures, fissures, crevasses, ulcérations, pertes de substance, ne sont donc, pour nous, que les différents degrés de la même maladie de plus en plus accentuée, suivant le siége, et surtout suivant la conformation du sein. Ces diverses affections ont entre elles la plus grande analogie ; elles se ressemblent et se touchent de près. C'est une question de degré.

D'après A. Cooper (*Œuvres*, traduction de Chassaignac et Richelot), les affections ulcéreuses du mamelon peuvent revêtir trois formes distinctes : « La première consiste en une simple excoriation ; dans la deuxième, il se forme des gerçures, des fissures profondes dans le sillon de réunion du mamelon et de l'auréole ; la troisième consiste dans une ulcération plus profonde du mamelon, ulcération qui en détermine la destruction partielle. »

Cazeaux et J. Duval forment deux groupes, selon le siége anatomique de ces diverses affections ; l'un comprenant l'érosion et l'excoriation; l'autre, les gerçures, fissures et crevasses. C'est une division peu importante et tout à fait artificielle.

On appelle *excoriation* de petites plaies superficielles de la peau du mamelon, ne comprenant que l'épiderme qui a été enlevé de façon à laisser le derme à nu.

L'*érosion* est une lésion semblable, mais à un degré moins prononcé.

Dans certaines circonstances, l'excoriation ne se limite pas à l'épiderme, mais détruit aussi le derme, et, gagnant encore en profondeur, elle produit une perte de substance.

Le siége le plus habituel de l'excoriation est le sommet du mamelon. Plusieurs points excoriés peuvent exister à la fois; mais ordinairement elle se limite, et présente une dimension variable entre celle d'un grain de millet et celle d'une lentille. On observe très-rarement la perte complète de tout l'épiderme du mamelon.

La surface excoriée est rouge, granulée, fongueuse, le plus souvent humide; mais si un traitement convenable n'est pas institué, elle se couvre de croûtes minces, d'un jaune rougeâtre, qui, se détachant pendant la succion, donnent lieu à une légère exsudation sanguine.

Dans les cas très-rares où la lésion occupe toute l'étendue du mamelon, celui-ci présente alors la forme d'un champignon plus ou moins globuleux, d'un rouge vif, et à la surface duquel se fait un suintement sanguinolent. (J. Duval.)

Il est rare d'observer l'ulcère, recouvert de végétations fongueuses d'un rouge livide, saignant facilement et pouvant, par analogie avec les condylomes, faire croire à une affection syphilitique. (Scanzoni.)

La *gerçure*, résulte du dessèchement avec fendillement de l'épiderme, dont les lames s'enlèvent incomplètement.

La *fissure* est une solution de continuité allongée et superficielle, mais plus profonde cependant que la simple excoriation, et surtout d'une autre forme.

La *crevasse* n'est qu'un degré plus prononcé de la

fissure, qui en est presque toujours le point de départ. Dans cette lésion, il y a une véritable plaie à bords écartés et tuméfiés.

C'est sur le mamelon qu'on observe toutes ces affections, qui s'étendent rarement sur l'auréole. Les sillons et les rainures de la peau du mamelon en sont le siége, et ordinairement en affectent la même direction. On les observe aussi à la base du mamelon, et, en ce point, elle peuvent devenir très-grandes et très-profondes. Leur longueur varie de quelques millimètres à un centimètre ; quant à leur profondeur, elle peut être considérable ; celles qui siégent à la base du mamelon, vont quelquefois jusqu'à le détacher.

ÉTIOLOGIE.

J. Duval examine les causes tenant à la mère et celles tenant à l'enfant. Comme cette division ne les comprend pas toutes, nous adopterons celle de certains auteurs en causes prédisposantes, et en causes occasionnelles.

1° *Causes prédisposantes.*

Primiparité. — Il résulte d'un nombre considérable d'observations que j'ai recueillies, dit Mme Brès, que les multipares ne sont pas à l'abri de cette affection, presque anssi fréquente chez elles que chez les primipares. C'est aussi l'avis de Winckel.

Nous dirons, nous, que les femmes qui allaitent pour la première fois, sont en général beaucoup plus exposées que les autres aux affections du mamelon. C'est ce qui résulte du moins de notre statistique. Rossi, comme nous le verrons dans le chapitre suivant, met également ce fait en évidence. Cela s'expliquerait facilement par la plus grande irritabilité et sensibilité de la peau, non encore habituée à la succion et au contact, si souvent répété, de la bouche de l'enfant. Chez les multipares, cette peau est devenue plus dense, plus épaisse, plus forte, et, par conséquent, moins impressionnable et moins sensible.

Mais ce n'est pas tout : un simple coup d'œil sur le tableau de Rossi et sur le nôtre, démontre que la fréquence des lésions diminue en raison inverse du nombre des allaitements. Ce fait est vrai : il est incontesté et incontestable ; mais il ne faudrait pas pousser la logique jusqu'au point de croire qu'un certain nombre d'allaitements assureraient à la femme une immunité absolue : il est des femmes qui souffrent de cette affection, après avoir eu et nourri plusieurs enfants. M. Deluzc cite une femme de 26 ans ayant eu 8 enfants qu'elle avait tous nourris, et, à chaque allaitement, le mamelon avait été le siége d'érosions et de fissures.

Outre la primiparité, il peut y avoir réunion de plusieurs causes.

Tempérament lymphatique. — Les femmes de ce tempérament ont la peau fine, lisse, délicate, peu colorée. Les blondes, à peau fine, sont plus sujettes que les autres aux crevasses, dit-on ; mais il ne faut pas attribuer trop d'importance à cette donnée étiologique. On n'est pas fixé davantage sur le rôle que peuvent jouer le tempérament et la constitution. (Hœlling.)

Nous donnons, dans le chapitre suivant, les résultats de nos observations relatifs au teint des nourrices. Sans être concluants, nous croyons qu'ils ne sont point à rejeter complètement.

Vices de conformation du mamelon. — Nous entendons surtout parler de la brièveté, de la saillie peu prononcée et de l'enfoncement du mamelon.

On remarque les dissemblances les plus frappantes dans les bouts de sein. D'après M. Charrier (*Gazette des Hôpitaux*, 27 mai 1876), il y a trois types de bouts de seins : « Le premier, le plus fréquent, ressemble au drupe de la framboise. Sa forme est conoïde, mamelonnée, la base du cône est appuyée sur la glande mammaire, et le sommet tourné vers l'enfant qui tète. C'est le type le plus avantageux au point de vue de l'allaitement normal, il est moins souvent affecté que les autres des lésions dont nous parlons.

Le deuxième type est le contraire du précédent ; il a bien encore la forme d'une framboise, mais en sens inverse ; la base du cône est tournée vers l'extérieur, et le sommet, vers la glande mammaire, de telle sorte que le mamelon est piriforme et étranglé à sa naissance.

Le troisième type est le mamelon *sessile*, qui ne fait aucune saillie. On peut lui donner le nom de mamelon *ombiliqué*, car son centre est déprimé, et ressemble à l'ombilic d'un enfant d'un mois à six semaines ; quand on regarde ce mamelon de face, on est frappé de sa similitude avec un œil de petite dimension, dont les deux paupières seraient fermées. C'est ce type de mamelon que J.-J. Rousseau, dans ses *Confessions*, a qualifié de teton borgne. Si l'on examine, avec une assez forte loupe, le mamelon d'une nourrice, la ressemblance de cet organe avec une framboise est encore plus frappante; comme sur ce fruit, on voit de petites éminences séparées par des sillons, et l'épiderme qui les recouvre, est translucide et nacré, surtout au niveau des sillons et aux points où s'ouvrent les conduits galactophores. Cet épiderme est d'une finesse et d'une ténuité extrêmes.

Dans le deuxième type, souvent l'extrémité du mamelon est comme en massue, légèrement aplatie, et parcourue par des sillons transversaux ou demi-circulaires; ces sillons sont également nombreux sur le hile du mamelon, et principalement au point où il adhère à la mamelle. Ce second type est plus souvent affecté de crevasses que le premier, mais moins que le troisième, dont voici la description.

Dans ce troisième type où le mamelon est ombiliqué, les fibres élastiques, qui entrent dans sa structure et qui prennent leur point d'insertion à son centre, sont trop courtes, le tirent en arrière et le dépriment dans son milieu. Cette dépression centrale forme une certaine quantité de plis, de sillons, de fissures, qui deviendront le siége de crevasses profondes, par le fait même de l'allaitement. Quelquefois il est impossible de le faire saillir par la succion, par la ventouse, par n'importe quel moyen; l'allaitement alors est impraticable, et cela est préférable pour la jeune mère, car elle ne sera pas exposée à toutes les douleurs que cause cette malformation du mamelon. D'autres fois, au contraire, on peut arriver, par les artifices énoncés plus haut, à faire un peu saillir le mamelon, à le faire s'ériger à moitié; mais le centre reste toujours déprimé, et c'est cette conformation qui est la plus défavorable pour la lactation, et la plus dangereuse dans ses conséquences. »

On voit de ces mamelons invaginés qui offrent même une concavité à la place qu'ils occupent ; par traction, ils peuvent quelquefois finir par former saillie, mais si l'excitation ne continue pas, la concavité... reparaît. C'est là une cause d'ulcération, parce qu'après que l'enfant a tèté, il reste du lait dans le godet; ce lait devient acide, son acidité détruit l'épithélium d'abord, et son action corrosive devient ensuite plus puissante.

Deluze, publie une observation recueillie dans le service de P. Dubois, d'absence naturelle de mamelon (extrêmement rare, d'après Velpeau), chez une jeune fille de 19 ans, primipare. Le mamelon était rentré, refoulé dans la glande, et avait la forme d'une boutonnière. Pour notre part, nous avons observé cette disposition plusieurs fois. (Obs. XVI, XXIV, XXV, XXVI, XXVII.)

C'est avec des mamelons ainsi conformés que l'on voit assez souvent, pendant l'allaitement, des ecchymoses sur les auréoles et même sur les seins. Deluze en rapporte une observation. J. Duval n'a jamais été assez heureux pour en trouver. Pour nous, nous en avons souvent rencontré, et quelquefois d'assez larges. (Voir nos *Observations*.)

Les vices de conformation du mamelon, et les mamelons du troisième type de Charrier surtout, viennent en première ligne, parmi les causes de gerçures du mamelon. Cette cause est bien la plus évidente. Sur 25 femmes examinées par Piorry, présentant des érosions, fissures, excoriations, crevasses, il y en avait 18 dont le mamelon était aplati et ne faisait aucune saillie. Sur ce nombre, 15 allaitaient pour la première fois.

La primiparité vient, pour nous, en deuxième ligne.

Une cause encore assez fréquente de gerçures, c'est que les glandes sébacées de l'auréole et du mamelon vont en diminuant de nombre, au fur et à mesure qu'on se rapproche de la base du mamelon. Ainsi s'explique le siége de prédilection des gerçures ou crevasses du sein, qui débutent presque constamment par cette zone déshéritée, et qui ne dépassent pas ses limites ou la dépassent à peine. (Mme Brès. *De la mamelle et de l'allaitement*, page 24.)

D'après Churchill, dans le plus grand nombre des cas, les crevasses sont dues à l'application fréquente de la bouche de l'enfant, qui enlève au mamelon les sécrétions sébacées, de telle sorte que la peau se sèchant, se contracte, durcit légèrement et enfin se fendille. Une légère inflammation vient quelquefois aggraver le mal.

Mais l'invagination ou le peu de saillie du mamelon sont une cause bien autrement importante de gerçures. L'enfant a de la peine à saisir un mamelon ainsi conformé : il lui échappe à chaque instant. Pour le retenir, il le tire, le mâchonne, le serre tant qu'il peut entre ses lèvres et ses gencives, et, dans ces conditions, il est difficile qu'une érosion ne se produise pas; d'autres lésions arrivent ensuite.

« La formation rudimentaire du mamelon rend la succion difficile; les efforts que fait l'enfant pour saisir le mamelon qui lui échappe toujours, y déterminent la perte de l'épithélium, des excoriations et des ulcérations. » (Scanzoni.)

Endothélie accidentelle. — M. Gardien signale une endothélie accidentelle qui résulterait de ce qu'on a attendu trop longtemps, avant de donner le sein à l'enfant : « Si l'on diffère de vingt-quatre heures, le lait s'amasse dans les seins et les distend. La succion est accompagnée de vives souffrances, et les efforts que fait l'enfant pour dégorger les seins qui sont douloureux, exposent les femmes à des crevasses. Levret avait remarqué que la succion produisait souvent des crevasses au bout du mamelon; elles avaient lieu, parce que de son temps on présentait le sein beaucoup trop tard, comme trente-six ou quarante-huit heures après la naissance. » Cette cause, sans être très-sérieuse, n'en existe pas moins, et les mamelons rétractés par suite de sécrétion exagérée, ne deviennent pas toujours saillants par excitation.

Mauvaise qualité du lait. — M. Donné indique, le premier, une cause particulière qui, selon lui, serait à peu près la seule capable de produire des gerçures. « Il est hors de doute pour moi, dit-il, que ces petits maux tout extérieurs, et si légers en apparence, sont toujours liés à une mauvaise condition de la sécrétion lactée, dont les enfants n'ont pas moins à souffrir que la nourrice elle-même... J'ai très-souvent l'occasion de constater que les femmes affectées de crevasses et de gerçures aux seins, qui se manifestent dès les premiers temps de l'allaitement, ont un lait plus ou moins pauvre, peu abondant, sortant difficilement et souvent même mêlé de matières muqueuses; une coïncidence si constante laisse supposer une certaine relation entre les causes des gerçures et celles du mauvais-état du lait ; si ce n'est pas une relation physiologique, c'est au moins une relation mécanique. Ainsi je considère les crevasses comme étant très-souvent, si ce n'est toujours, la conséquence de la pauvreté du lait, de sa petite quantité et de la difficulté avec laquelle il arrive dans la bouche de l'enfant, dont les efforts de succion fatiguent et irritent le mamelon, qui finit par se gercer et s'ulcérer. » Les causes mécaniques, nous les admettons, mais nous rejetons la mauvaise qualité du lait, comme cause de gerçures. Car, pourquoi les enfants se portent-ils bien malgré les crevasses, si elles proviennent de la mauvaise qualité du lait?

Inflammation des mamelons. — L'inflammation des mamelons est plus souvent une conséquence qu'une cause.

2° *Causes occasionnelles.*

Succion. — La bouche de l'enfant, en suçant et produisant la macération plus ou moins prolongée du mamelon dans les liquides qui baignent sa bouche, est une cause de fissures.

Pour MM. Deluze et Cazeaux (*page* 1122), le mécanisme de la succion serait le suivant : « L'enfant saisit le mamelon, qu'il place dans une gouttière formée par sa langue et le palais, de sorte que, lorsqu'il exerce la succion, tous ses efforts aboutissent à l'extrémité du mamelon vers lequel les fluides affluent; celui-ci, ne reposant sur rien, se crève; aussi, après la succion, on voit une petite strie sanguine dans cet endroit. Dans quelques cas, la succion détermine seulement un soulèvement de l'épiderme, une ampoule, un suçon, au-dessous duquel on voit une petite ecchymose ; soit sous l'influence d'une succion nouvelle, soit spontanément, l'épiderme se soulève, se dessèche, tombe, et l'excoriation est produite. »

Aphthes.— Rossi et Churchill admettent comme cause la présence d'aphthes dans la bouche de l'enfant. C'est probablement une coïncidence. Si les affections de la bouche de l'enfant peuvent donner lieu à des ulcérations du mamelon, il est aussi parfaitement démontré que les affections du mamelon peuvent être le point de départ des inflammations de la muqueuse buccale de l'enfant. Ces auteurs n'auraient-ils pas pris l'effet pour la cause? Souvent l'enfant a le muguet, et la mère n'a rien aux mamelons.

Réaction acide de la bouche des nouveau-nés. — D'après les recherches de Bley, la réaction de la bouche chez les nouveau-nés est toujours acide pendant le premier mois qui suit la naissance, et quelquefois même plus longtemps. Cette cause pourrait être admise, si le lait qui coule ne neutralisait l'acide et ne rendait la bouche alcaline.

Froid. — L'exposition des seins à un air vif ou froid est une cause très-fréquente de gerçures du mamelon.

Malpropreté. — Trop souvent, dit Bouchacourt, pendant la grossesse, les femmes négligent l'hygiène des seins.

On ne peut pas dire, en effet, que les fissures ne se voient que sur des mamelons mal conformés ou chez des primipares ; elles se rencontrent même assez souvent chez des femmes bien douées de la nature, mais peu soucieuses des soins hygiéniques; parmi celles-ci, les unes se dispensent de tout soin de propreté, ne prennent pas garde à cet écoulement séreux qui se fait par le sein dans les derniers temps de la grossesse. Cette sérosité sèche sur place, forme des croûtes sous lesquelles l'épiderme se ramollit et s'ulcère; les autres négligent de s'essuyer le mamelon quand l'enfant a fini de téter : il suit de là qu'il est, pour ainsi dire, dans une macération continuelle, ce qui le prédispose à se gercer. Quelquefois on voit aussi survenir un eczéma affectant une marche chronique. Il occupe le mamelon et l'auréole, peut-être encore plus souvent cette dernière, comme Velpeau avait coutume de le faire remarquer. Sous quelle influence apparaît-il ? Est-ce le frottement de la chemise, la compression du corset ? On l'ignore.

Les nourrices doivent avoir la précaution de laver le mamelon, afin de ne pas laisser le lait et la salive qui le mouillent, se dessécher et fermenter à sa surface. (Mme Brès.)

SYMPTÔMES ET MARCHE.

Les lésions du mamelon apparaissent presque toujours du troisième au cinquième jour de l'allaitement. Elles disparaissent du sixième au septième, et sont rares après le douzième jour. A cet égard, le tableau de Winckel et le nôtre sont assez convaincants.

Il se forme tout d'abord sur les mamelons framboisés de petites phlyctènes (1) siégeant sur les éminences de la drupe; ces phlyctènes crèvent et donnent lieu à une simple érosion. Mais si la petite ampoule a son siége dans un sillon, alors ce n'est plus une légère ulcération qui se produit, mais une fissure. Irritée par les succions répétées, surtout si l'enfant est robuste; creusée par le déchirement de la cicatrice plusieurs fois par jour, cette fissure se transforme en une véritable crevasse. Dans ce cas, la douleur devient intolérable, à tel point que les femmes les plus courageuses, qui sont accouchées sans pousser un cri, sans éprouver la moindre défaillance, ne peuvent s'empêcher de gémir et de pleurer.

Souvent l'auréole et le bout du sein paraissent dessèchés, rouges et rugueux. On y découvre un grand nombre de petites fissures presque imperceptibles; la surface s'excorie, et laisse couler une matière séreuse,

(1) Voir nos *Observations*.

séro-sanguinolente, séro-purulente, âcre même dans quelques cas, qui étend l'excoriation à la peau environnante, en formant des croûtes d'un jaune rougeâtre. Ces croûtes recouvrent quelquefois tout le mamelon.

Le bout de sein peut présenter des excoriations profondes, le divisant en deux ou trois parties. Enfin, souvent le bout s'ulcère, et quelquefois même il est détruit en partie ou en totalité (Obs. III, IV, VIII, IX, X, XI, XII, XVIII, XX, XXIV). A chaque tentative d'allaitement, le mal augmente et fait saigner les seins.

Sous l'influence de la succion, il peut s'écouler une petite quantité de sang (quelquefois même de pus), que l'enfant avale, mélangé avec le lait, pour le rejeter après par des vomisements ou par des garde-robes. Les familles, ignorant la cause de cet accident, s'effrayent vivement et en font part tout de suite au médecin, qui trouvera presque toujours l'explication de l'accident dans la présence de ces lésions, et pourra facilement les rassurer. L'hémorrhagie quelquefois peut être grave. M. J. Duval, dans son travail, cite le cas d'une femme qui perdit, dans une nuit, près d'un quart de verre de sang. Les applications d'eau froide firent cesser l'hémorrhagie, qui n'eut pas de suites fâcheuses.

COMPLICATIONS.

La durée des crevasses dépend des soins de propreté, et du traitement que suivent les femmes; mais très-souvent il survient des accidents plus graves, dont rend bien compte la richesse de ces parties en réseaux lymphatiques : tels sont les angioleucites, les mammites diffuses, et la formation d'abcès pour ainsi dire interminables.

1° *Siége.* — Le siége de la lésion peut être une complication : les crevasses à la base sont plus graves ; car les tiraillements qui accompagnent toujours la succion, non-seulement retardent la cicatrisation en décollant les lèvres de la plaie, mais celle-ci, sous cette influence, augmente souvent d'étendue, gagne en profondeur, et le mamelon tout entier peut être déchiré. Ce fait s'observe encore assez fréquemment, puisque, sur nos 294 femmes atteintes de lésions du sein, nous avons observé 20 fois des pertes de substance, et même des chutes complètes du mamelon.

Les douleurs sont très-vives lorsque le siége des crevasses est *à la base.* Elles peuvent influer sur l'état général.

2° *Lymphangite.* — On remarque des traînées rougeâtres suivant la direction des vaisseaux. La fièvre est vive, et la température peut atteindre 40°. Nous avons souvent noté des températures axillaires s'élevant à 40° et même 40°,7, dues à des crevasses seules (Obs. I, II, XX, XXI, XXIII), ou compliquées de lymphangite ou de mammite diffuse.

Si elle n'est pas soignée, la lymphangite peut donner lieu à la formation d'abcès.

3° *Phlegmon sous-cutané.*— Dans ce cas, il y a du gonflement, de la rougeur, de la chaleur et de la douleur.

Abandonnés à eux-mêmes, les phlegmons suppurent presque toujours.

4° *Mastite.* — C'est l'inflammation du parenchyme mammaire. On trouve des bosselures reconnaissables par la palpation et de la rougeur à cet endroit. Sans soins, la mastite suppure, mais plus lentement que le phlegmon sous-cutané.

5° *Galactophorite* de Bouchut.— C'est l'exagération de l'ulcération du sommet, s'étendant à la membrane interne des conduits galactophores.

6° *Engorgement laiteux.*— Les engorgements laiteux sont souvent aussi une conséquence des ulcérations du mamelon. Les douleurs sont parfois si atroces que la mère recule, autant que possible, le moment de faire téter le sein malade, et facilite ainsi son engorgement, puis l'abcès qui en est la conséquence (Cazeaux).

7° *Erysipèle.* — Rare.

La formation d'un foyer purulent n'est pas rare lorsque les seins ne sont pas soignés. On est alors obligé d'intervenir chirurgicalement, ce qui est désagréable aux malades au point de vue de la souffrance, et surtout au point de vue esthétique, qu'il faut bien se garder de dédaigner quand il s'agit des femmes.

CHAPITRE II.

STATISTIQUE SUR LA FRÉQUENCE DES LÉSIONS DU MAMELON ET DE LA MAMELLE CHEZ LES NOURRICES.

Nous arrivons au chapitre qui est le but de notre thèse.

Pendant les deux années que nous avons, pour ainsi dire, écrit l'histoire (à part deux interruptions de chacune un mois), de la salle d'accouchement de l'hôpita de la Piété, nous avons recueilli 589 observations.

Nos accouchées n'ont pas toutes nourri. Les unes n'ont allaité que quatre jours ou moins : nous n'en avons pas tenu compte.

Plusieurs n'ont pas allaité, parce que l'enfant a été immédiatement placé en nourrice. D'autres n'ont pu nourrir, soit qu'elles aient été malades, soit que l'accouchement ait été pathologique; un certain nombre ont accouché d'enfants mort-nés.

En tout 63 femmes n'ont pas allaité. Il nous reste donc 526 nourrices qui ont servi de base à notre statistique.

Nous allons examiner la question de fréquence des lésions du mamelon et de la mamelle à différents points de vue, en commençant par la fréquence en général.

Fréquence des lésions du mamelon et de la mamelle chez les nourrices en général. — Nous comprenons, parmi les lésions du mamelon et de la mamelle, toutes celles que l'on rencontre depuis l'érosion simple, jusqu'à l'abcès. Nous ne faisons point entrer en ligne de compte les ecchymoses formées par la succion de l'enfant sur le mamelon, l'auréole et même la mamelle, quoique, comme nous l'avons dit, nous les ayions assez souvent rencontrées. Elles constituent toujours d'ailleurs une lésion très-légère.

Sur nos 526 nourrices, nous en avons rencontré 232 qui n'ont présenté aucune lésion pendant tout le temps que nous les avons observées ; — 294 en ont été atteintes. — Près des 3/5 !

Voici comment se répartissent ces affections, selon le degré qu'elles ont atteint sous nos yeux.

Dans ces 294 cas, il s'en est trouvé :

137 d'érosions, excoriations ou ulcérations simples,

47 de gerçures et fissures,

78 de crevasses et d'ulcérations graves ;

32 fois nous avons observé des pertes de substance, la destruction des mamelons, des lymphangites, des abcès, et l'impossibilité de l'allaitement.

Cette division en *degrés* n'a rien d'absolu, attendu que, sur un même mamelon, on rencontre plusieurs de ces affections à la fois, et que, selon l'époque où l'on observe les seins, on trouve un degré plus ou moins avancé.

Les cas les moins graves sont heureusement les plus nombreux ; mais sur ces 137 nourrices qui sont sorties plus ou moins guéries, un certain nombre de celles qui sont sorties non guéries, ont pu présenter dans la suite des gerçures, des crevasses, des affections plus graves que celles que nous avons notées. Notre chiffre de cas sérieux est donc certainement trop faible.

Sur 102 femmes nourrices *interrogées*, Piorry en a trouvé 58 atteintes de gerçures à l'un des deux seins, et quelquefois aux deux. Sur ce nombre il a compté 37 primipares.

Cette proportion est plus forte que la nôtre, mais cela n'a rien d'étonnant. Piorry n'a fait qu'interroger les femmes; et comme les femmes atteintes de lésions séjournent plus longtemps que les autres dans les salles d'accouchement; il s'ensuit qu'il y a là une cause d'erreur très-importante, qui ne se rencontre pas chez nous. Les autres résultats donnés par Piorry, étant également entachés d'erreur, attendu qu'il n'a fait qu'interroger, examiner un instant, sans suivre les femmes, nous n'y reviendrons pas.

Fréquence chez les primipares et chez les multipares. — Winckel a fourni une statistique, d'après laquelle la fréquence serait égale chez les primipares et chez les multipares. Cette statistique porte sur 100 observations recueillies par lui à Rostoch; sur les 100 nourrices affectées de gerçures du sein, il a compté 47 primipares : 38 avaient eu 2 enfants, 9 en avaient 3, 6 en avaient eu 6. Nous verrons tout à l'heure que nos résultats ne concordent pas avec les siens.

Nous sommes, en revanche, complètement d'accord avec Rossi. Il avait remarqué que les primipares étaient plus sujettes aux excoriations des mamelons que les multipares, et il entreprit d'en rechercher la cause.

En 1845, il consigna dans les « *Annali universali di medicina* », les fruits de ses travaux.

Sur 37 primipares ayant tenté d'allaiter, 22 ont eu des excoriations dès le premier mois; deux, le deuxième; une, le quatrième; et une, le sixième; dans ce nombre, 10 ont été atteintes de mammites suppurées.

Sur 29 femmes accouchées une deuxième fois, 4 ont présenté des gerçures le premier mois; une, le cinquième; dans le nombre, une seule mammite.

Après un troisième accouchement, sa statistique tend à prouver que, sur 21 femmes, il n'y eut aucun cas de mammite, mais seulement deux cas de petites gerçures survenues le deuxième et le cinquième mois. C'est en observant l'enfant d'une des malades de cette dernière catégorie, qu'il fut amené à mieux préciser la cause du mal : nous voulons parler des aphthes, dont nous avons dit un mot dans le chapitre précédent.

Voici nos résultats :

Sur 202 nourrices primipares, 121, ou 59,9 pour 100, ont été atteintes de gerçures.

Sur 313 (1) nourrices multipares, 160, ou 51,1 pour 100 ont été atteintes de gerçures.

Les primipares sont donc plus exposées que les autres à ces affections.

Examinons maintenant la fréquence des gerçures chez les nourrices, suivant le nombre des accouchements. Les nourrices multipares avaient allaité antérieurement.

(1) Si les nombres 202 et 313 ne donnent pas 526, chiffre de nos observations, c'est qu'à onze nourrices nous avons oublié de demander si elles étaient primipares ou multipares.

Sur 202	femmes accouchées	une 1re fois,	121	ont présenté	des gerçures,	ou 59,9	pour 100.
Sur 124	—	une 2e fois,	72	—	—	57,5	—
Sur 52	—	une 3e fois,	24	—	—	46,1	—
Sur 23	—	une 4e fois,	13	—	—	56,5	—
Sur 21	—	une 5e fois,	8	—	—	38	—

Ce tableau démontre bien que le nombre des femmes atteintes va en diminuant avec le nombre d'accouchements. Le chiffre 56,5 n'est pas, il est vrai, en harmonie avec ce que nous voulons prouver, c'est à-dire qu'il est trop fort. La raison en est que les femmes de cette catégorie sont affectées de lésions très-légères dont nous avons tenu compte. Ainsi, sur les 13 femmes atteintes, il y en a 5 qui n'ont eu que des érosions presque insignifiantes et de courte durée.

Le fait de décroissance est donc vrai. Les femmes sont d'autant moins sujettes aux gerçures qu'elles ont été mères un plus grand nombre de fois

Fréquence des complications. — Nos observations sur ce sujet laissent à désirer, et il ne pouvait guère en être autrement; car pour que nos résultats fussent complets, il nous eût fallu pouvoir suivre lès femmes pendant toute la durée de l'allaitement. Un certain nombre de mammites et d'abcès n'apparaissent, en effet, que vers la sixième semaine de l'allaitement, et après le dixième mois, lorsque les femmes font passer leur lait. Nunn établit (*Trans. of London obstetrical Society*, t. III, p. 197, que sur 58 cas d'inflammation et d'abcès du sein, produits par l'allaitement, 19 surviennent pendant le premier mois, 14 pendant le deuxième, 3 pendant le troisième, 1 pendant le quatrième, 2 pendant le sixième, 1 pendant le huitième, 1 pendant le neuvième, et 17 après le dixième mois. Les deux seins étaient également atteints sur 26 cas : dans 7, les lobes supérieurs étaient affectés; dans 14, les inférieurs; dans 2, les inférieurs et les latéraux ; dans 1, les latéraux ; et dans 2, la glande entière était affectée.

M' Clintock (*Clinical memoirs on diseases of women*, p. 309) a trouvé que la majorité des cas surviennent environ six semaines après la délivrance. Après ce moment, c'est environ vers le dixième ou le douzième mois que, selon lui, ces accidents se montrent le plus fréquemment, confirmant ainsi les observations de Nunn.

Malheureusement, nous n'avons pu suivre qu'un tout petit nombre de femmes. Il nous est impossible de fournir des chiffres comparables à ceux de Nunn. Néanmoins nous consignerons ici les remarques que nous avons faites.

Nous entendons par *complications* des gerçures, les lymphangites superficielles ou profondes, les mammites diffuses ou circonscrites, les abcès de différentes espèces, qui les accompagnent.

Nous avons observé 16 cas de lymphangites superficielles et profondes. Tout s'est borné, dans 3 de ces cas, à un engorgement presque indolore des ganglions axillaires, sans lymphangite apparente. Dans 7 de ces cas, les deux seins étaient également atteints; quatre fois le sein droit fut seul atteint, et cinq fois le sein gauche.

Nous avons rencontré 16 cas de mammites légères et superficielles. Dans 10 cas, les deux seins étaient atteints à la fois; dans 2, le droit seulement, et dans 4, le gauche. Ces mammites n'ont pas suppuré.

Sept fois en tout, nous avons observé des abcès de

différente nature : trois fois au sein droit ; trois fois au sein gauche ; une fois aux deux,

Ces complications se sont rencontrées cinq fois avec des érosions simples, trois fois avec des fissures, douze fois avec des crevasses ulcérées, quatorze fois avec des ulcérations et des pertes de substance. Enfin deux fois, et il s'agissait d'abcès, nous n'avons pas rencontré de lésion apparente précédant la complication. Il est à remarquer toutefois aussi que, dans un certain nombre de lymphangites et de mammites, nous n'avons pu découvrir la plus légère fissure. Les gerçures, dans ces cas, étaient imperceptibles. Généralement les abcès coïncidaient avec des ulcérations et des pertes de substance du mamelon.

Sur ces 38 cas de complications, 21, et parmi eux les plus graves, tels que 5 abcès, se sont rencontrés chez les primipares ; 10, chez les bipares, avec deux abcès. Les 7 autres cas, les plus légers, se trouvent disséminés chez différentes autres multipares.

Fréquence comparée du sein droit et du sein gauche. — En général, les lésions débutent par le sein gauche, parce que les nourrices donnent ce sein plus volontiers et plus souvent que l'autre. Lorsque le mamelon gauche est atteint, pour éviter les souffrances, elles allaitent presque uniquement avec le sein droit, qui ne tarde pas à être pris à son tour. C'est ce qui explique très-bien pourquoi les mamelons sont presque toujours tous les deux affectés de crevasses. Ainsi, sur les 294 cas de lésions du mamelon observés par nous, 230 fois les mamelons ont été atteints tous les deux ; 38 fois le mamelon gauche seul, et 26 fois le mamelon droit; ces résultats paraissent se rencontrer dans la même proportion, chez les primipares et chez les multipares.

En résumé, lorsqu'un seul mamelon est atteint, c'est plus fréquemment le gauche que le droit.

Les lésions sont plus graves à gauche qu'à droite.

Elles sont légères à gauche, lorsque ce côté est pris seul.

Elles affectent rarement le mamelon droit seul.

Tous ces faits résultent, comme nous avons dit plus haut, des préférences que les nourrices ont pour allaiter avec le sein gauche, plutôt qu'avec le sein droit.

Fréquence suivant le teint des nourrices. — Nous avouerons que cette question ne nous a pas fourni les résultats que nous en avions d'abord espérés. Nous avions cru, en effet, que les femmes *châtaignes* étaient beaucoup moins exposées que les autres aux affections du sein, mais notre attente a été trompée. Les femmes *châtaignes* jouissent bien d'une immunité relative, mais sont loin pour cela d'être à l'abri de ces affections. Toutefois, il n'est pas sans intérêt de savoir qu'elles y sont moins sujettes que les femmes d'un autre teint (excepté les femmes au teint noir, assez rares à Paris), que chez elles, les lésions n'atteignent pas un degré aussi avancé que chez les autres, et que très-rarement elles sont atteintes de complications.

Nous avons pris à tâche de tirer le plus de résultats possible de nos observations, et voici ce que nous avons trouvé à ce sujet.

Nous avons classé les femmes, suivant leur teint, en 5 catégories :

1° Blondes, comprenant blond, blond clair, blond cendré, blond châtain ;

2° Châtaignes, comprenant châtain, châtain brun ;

3° Brunes plus ou moins foncées ;

4° Noires ;

5° Rousses plus ou moins accentuées.

Nous avons observé :

100 blondes.
132 châtaignes.
117 brunes.
18 noires.
25 rousses.

Toutes ces femmes ont nourri.

Chez les blondes nous avons trouvé 59 cas de gerçures ; chez les châtaignes, 62 cas ; chez les brunes, 70 cas ; chez les noires, 8 cas ; chez les rousses, 15 cas.

Ce qui donne, pour 100 femmes de chaque teint, les proportions suivantes :

Noires,	44, 4	sur 100.
Châtaignes,	46,9	—
Blondes,	58,9	—
Brunes,	59,8	—
Rousses,	60	—

Les femmes au teint noir seraient les plus favorisées ; les rousses, au mamelon et à l'auréole roses, seraient plus sujettes que les autres aux crevasses. Notons en passant que chez les brunes, à peau souple et ferme, les lésions sont assez légères. Il en est de même chez les châtaignes, comme nous venons de le dire.

Les complications se rencontrent la plupart du temps chez les blondes.

Epoque de l'apparition des crevasses.

D'après Winckel, sur 81 cas, voici comment elles apparurent :

Dans	19	cas,	le 2e	jour.
»	16	»	le 3e	»
»	23	»	le 4e	»
»	7	»	le 5e	»
»	9	»	le 6e	»
»	2	»	le 7e	»

D'après nous, sur 281 cas, voici comment elles apparurent :

Dans	1	cas	le 1er	jour.
»	40	»	le 2e	»
»	114	»	le 3e	»
»	75	»	le 4e	»
»	28	»	le 5e	»
»	12	»	le 6e	»
»	7	»	le 7e	»
»	3	»	le 8e	»
»	1	»	le 9e	»

C'est donc du deuxième au quatrième jour, mais surtout le troisième qu'elles apparaissent; et il est facile de voir qu'à partir du troisième jour, plus on s'éloigne du jour de l'accouchement, moins la femme est sujette à la lymphangite.

Sur ces 281 cas de crevasses dont nous avons noté le le moment d'apparition, nous avons 48 fois observé des mamelons rétractés, effacés, invaginés avant l'allaitement.

CHAPITRE III.

CONSÉQUENCES DE LA MAUVAISE CONFORMATION ET DES LÉSIONS DES MAMELONS.

Nous envisagerons ces conséquences chez la mère et chez l'enfant.

Conséquences chez la mère. — Une sensibilité exagérée, une mauvaise conformation du mamelon, des crevasses douloureuses de cette partie du sein, mettent nombre de femmes dans l'impossibilité d'allaiter leur enfant, ou sont cause qu'elles ne l'allaitent qu'au prix de vives souffrances et d'inconvénients plus fâcheux, tels que abcès profonds de la mamelle, qu'engendre l'irritation constamment renouvelée des plaies du mamelon par la bouche de l'enfant. Ces difficultés, ces souffrances et ces dangers de l'allaitement dont nous sommes si souvent témoins, à la suite d'une première couche, finissent par épuiser la patience des jeunes femmes pleines de bonne volonté d'abord, et bien décidées à remplir complétement leurs devoirs maternels, et, de guerre lasse, on se décide à donner une nourrice à l'enfant. Ce premier insuccès est doublement fâcheux ; il fait douter à la mère d'elle-même, la décourage pour l'avenir, et l'amène à donner un lait étranger à tous ses enfants, alors que, plus heureuse dans sa première tentative, elle les eût tous nourris elle-même. (Bailly. *Acad. de méd.* Séance du 29 mai 1877.)

Nous avons vu que les primipares étaient plus exposées que les multipares aux crevasses du mamelon. Ce fait est d'autant plus grave que, comme le fait remarquer M. Bailly, ces femmes se découragent, et, se souvenant de leurs souffrances pendant un premier allaitement, n'essayent même plus d'allaiter leurs autres enfants.

Les jeunes femmes enceintes pour la première fois n'ont que très-rarement les bouts de sein suffisamment développés. A peine apparent ou rentré dans la glande trop comprimée par le corset, le mamelon ne peut servir à l'allaitement du nouveau-né. C'est là très-souvent un obstacle sérieux, qui empêche les jeunes mères de nourrir avec succès. (Bouchut, *Hygiène de la première enfance.*)

L'enfant a l'instinct et le besoin de téter assez souvent, et il ne laisse pas les seins s'engorger. Quand, pour une cause quelconque, il ne peut tèter, quand on ne le laisse pas prendre les seins qui s'engorgent et durcissent, il ne peut plus saisir les mamelons qui se rétractent, fait des efforts inutiles, ce qui est une cause de souffrances et de crevasses pour la mère.

Quelques accouchées, dit Burns (*Midwifery*, p. 623), ont les seins démesurément gonflés, quand le lait monte, et la dureté s'étend jusqu'aux aisselles; si, dans ce cas, les bouts de sein sont enfoncés, ou que le lait ne coule pas facilement, le tissu cellulaire surtout, dans certains cas, s'enflamme rapidement; chez d'autres, au contraire, la substance dense dans laquelle sont enfoncés les acini et les conduits, ou les acini eux-mêmes, sont plus prompts à s'enflammer.

Chez les femmes nerveuses, très-sensibles et impressionnables, craintives, ou qui ont des fissures ou des excoriations, il se produit un spasme des canaux galactophores; la crainte d'une vive douleur chez ces dernières peut, au moment où elles approchent l'enfant du sein, empêcher l'excrétion de se produire.

Les gros enfants, bien constitués, vigoureux, ardents, arrivent par la succion à faire saillir les mamelons rétractés. Ils parviennent à former les bouts qui ne sont pas formés, ou difficiles à former. Une fois qu'ils les ont saisis, ils ne les lâchent plus. Les petits enfants faibles, chétifs, n'agissent pas de même : ils ne peuvent faire les bouts. Ce qu'il leur faut, à eux, c'est un bout tout fait; non pas un bout gros, cylindrique, comme en possèdent certaines femmes, mais un bout long et fin, qui entre assez avant dans leur bouche, et qu'ils puissent garder sans aucune peine.

Lorsqu'ils ont une nourrice à bons mamelons, les petits enfants les mâchent, les laissent, les reprennent, s'amusent et font beaucoup plus de mal que les gros enfants, surtout s'ils sont crevassés; car alors les souffrances se renouvellent chaque fois que l'enfant reprend le sein.

La brièveté du mamelon, son invagination sont, nous le répétons, une cause de crevasses, et entraînent par suite, avec elles, toutes les conséquences que comportent ces dernières, tant pour la mère que pour l'enfant.

Les lésions du mamelon, organe d'une très-grande sensibilité, produisent de vives souffrances. Ses papilles renferment peu de corpuscules du tact ou de Meissner, et encore sont-ils petits et peu développés. Mais sa peau est une des plus riches en filets nerveux, et c'est probablement à cette richesse nerveuse qu'est due la grande impressionnabilité de l'organe. (J. Duval.)

« D'ailleurs, il ne faudrait pas croire (Richet. *Anat. des régions*) que la douleur est en raison du volume et de l'importance du nerf blessé; loin de là, il semblerait que la souffrance est d'autant plus vive que l'irritation porte sur des extrémités nerveuses plus imperceptibles. Comparez les atroces douleurs auxquelles donnent lieu les fissures, les gerçures au sein et à l'anus, avec celles que détermine la section d'un gros tronc nerveux, comme le sciatique ou le crural dans une amputation. »

La crevasse est le fléau de la femme qui allaite, et il lui faut un grand courage pour surmonter des douleurs qui durent quelquefois très-longtemps. (Charrier.)

C'est aussi l'opinion de Churchill, qui s'exprime ainsi : « La souffrance est énorme pour la malade, et il faut une rare énergie pour persévérer à nourrir aux prix de telles souffrances. Mais ce n'est pas tout : si l'inflammation est très-grande, elle peut s'étendre le long des lymphatiques jusqu'à la glande mammaire, et donner lieu à des abcès. »

Les fissures proprement dites sont plus douloureuses que les crevasses. D'après Joulin (*Traité d'acc.*, t. II), les souffrances ressenties par la femme seraient vraiment atroces. Les mères que leur dévouement pour leur enfant expose à de pareilles souffrances, subissent un ébranlement nerveux qui peut aller jusqu'aux convulsions. Leurs yeux se remplissent de larmes, elles se cramponnent à ce qui les entoure, et redoutent le moment où elles doivent donner le sein. Parfois l'état général est atteint par la répétition, la violence des souffrances et la privation du sommeil.

Que de fois n'avons-nous pas été témoin de ces souffrances !

Que de fois n'avons-nous pas vu les mères mordant leurs draps, pour étouffer les cris que la douleur leur arrache !

Que de fois ne les avons-nous pas entendues traduire leurs douleurs toujours et toutes de la même façon :

« J'appréhende de donner le sein ! » — Cela retient mon lait ! » — « Cela me fait mal au cœur ! » — « Cela me répond jusque dans le dos ! » — « J'aimerais cent fois mieux accoucher de nouveau ! » — etc.

Quoi qu'il en soit, ces affections du sein guérissent toujours. Mais malheureusement, dans bien des cas, le mamelon est détruit, ou il se forme des cicatrices qui peuvent apporter plus tard une entrave à l'allaitement.

Dans tous les cas, les douleurs sont extrêmement vives.

Conséquences chez l'enfant. — Pour l'enfant, les conséquences sont autrement graves. Lorsque la mère a des crevasses, elle souffre horriblement, avons-nous dit, elle se fatigue, elle retient son lait, elle néglige son enfant qui tète peu et dépérit. Plusieurs fois, nous avons entendu des mères attribuer à des crevasses survenues pendant qu'elles les allaitaient, l'infériorité physique de certains de leurs enfants.

Nous n'étions pas dans de bonnes conditions pour faire des observations à ce sujet. Il nous eût fallu pouvoir suivre les mères et les enfants pendant longtemps.

Seize fois seulement, chez les 526 enfants que nous avons vu nourrir plus ou moins longtemps, nous avons remarqué un certain dépérissement venant de ce qu'ils étaient négligés par la mère, dont les mamelons étaient atteints de gerçures. Il en eût été bien autrement, si les enfants, à l'hôpital, n'eussent pas été bien soignés. Chaque fois qu'une mère souffrait trop vivement de ses crevasses, et qu'il lui était impossible de donner le sein, l'enfant était confié à une autre mère, surveillé avec soin, et dans ces conditions ne souffrait pas, ou souffrait peu. Mais qu'arrivait-il, lorsque les mères, non guéries de leurs crevasses, sortaient avec leurs enfants, dans l'intention bien arrêtée de ne pas les nourrir?...

Chez nos 526 nourrices, nous avons observé 151 fois que l'allaitement était gêné, difficile, très-douloureux, presque impossible, impossible même, soit par suite de gerçures, soit par absence totale de sécrétion lactée.

32 fois, il a été absolument impossible, par suite d'ulcérations, de pertes de substance, d'invagination complète du mamelon, d'absence de sécrétion lactée, tenant à la faiblesse constitutionnelle de la nourrice, ou à la destruction des mamelons ou des glandes mammaires par des abcès antérieurs. (Obs. XVII, XXIV.)

Ces chiffres peuvent donner une idée du nombre des cas où la famille est obligée de confier l'enfant à des soins mercenaires, ou à le nourrir par des moyens artificiels. Or, rien ne saurait remplacer, pour l'enfant, les soins maternels, et le lait que la nature lui destinait. Ce sont là, répétons-le, des causes bien connues d'affaiblissement.

L'influence du mode d'allaitement artificiel sur la mortalité des enfants est incontestable. C'est un fait reconnu de tous les médecins, et sur lequel on a d'ailleurs des relevés statistiques importants, de l'abbé Gaillard (*Recherches sur les enfants trouvés, les enfants naturels et les orphelins, en France et dans plusieurs pays de l'Europe*, 1836, p. 165) et de M. Villermé (*De la mortalité des enfants trouvés dans les rapports avec le mode d'allaitement.* Annales d'Hygiène, 1836, page 471).

Ainsi, d'après le livre de l'abbé Gaillard, dans un hospice qui n'est pas autrement désigné que par la lettre X..., et où l'allaitement au biberon est la règle générale, la mortalité est de 80 0/0 la première année! De son côté, M. Villermé rapporte qu'à Rennes, lorsque les enfants étaient nourris au biberon ou au petit pot, dans la période décennale comprise entre 1826 et 1836, les décès ont été en moyenne par année dans la proportion de 639 sur 1000, c'est-à-dire de 63,9 p. 0/0. Aujourd'hui c'est le chiffre maximum qu'on observe exceptionnellement à Paris, car la moyenne est de 8 pour 0/0 inférieure.

Suivant Trousseau, sur 4 enfants soumis au régime de l'allaitement artificiel, il en meurt *au moins* 1 ; les autres ne résistent souvent qu'au détriment de leur santé et de leur constitution. Si, dans la campagne, la mortalité est moins forte, cela tient à la meilleure qualité du lait de vache; mais il n'est point de cas où ce système factice puisse devenir l'équivalent de l'allaitement maternel.

Les lésions du mamelon ont donc une importance capitale. Quand elles se produisent, la mère, au lieu de ressentir les joies pures de la maternité qui l'attachent à son enfant, n'éprouve que des souffrances inouïes qui l'en éloignent, malgré la voix de la nature, et l'empêchent ainsi d'accomplir le plus doux de ses devoirs.

Nous avons vu combien les conséquences en étaient plus graves pour l'enfant.

Ce n'est pas sans tristesse que, chaque fois que nous interrogions une multipare sur ses enfants, nous nous entendions toujours répondre qu'ils étaient morts. La moyenne d'enfants vivants qu'elles possédaient était de 1 sur 4 ! Comment les autres étaient-ils morts? C'est que, la plupart du temps, ils avaient été placés en nourrice ou élevés au biberon !

Les enfants survivants avaient tous été élevés par leur mère !

CHAPITRE IV.

DU TRAITEMENT.

Nous n'avons pas l'intention de faire, dans ce chapitre, une étude complète du traitement des gerçures du mamelon et de leurs complications. Notre but serait dépassé, et nous tenons essentiellement à rester dans les limites que nous nous sommes imposées au commencement de ce travail. Il nous a paru indispensable cependant de dire quelques mots sur cette importante question de thérapeutique, où les avis sont encore si partagés.

Nous laisserons de côté la question des bouts de seins artificiels dont l'emploi est plus ou moins pratique, et l'utilité très-contestable. La plupart des enfants témoignent en effet pour eux une grande répugnance ; on ne peut les leur faire prendre. Dans le cas où on y parvient, le mamelon artificiel ne peut servir que quand les fissures siégent sur la portion libre du mamelon, et quand leur direction est parallèle à la longueur, si les crevasses sont transversales et surtout placées à la base, le bout de sein ne peut pas prévenir l'écartement des lèvres de la plaie. (Cazeaux.)

Nous allons étudier successivement, en nous efforçant d'observer la plus grande sobriété de détails : 1° le Traitement prophylactique ; 2° le Traitement curatif; 3° le Traitement des complications; 4° le Traitement de l'état général.

1° *Traitement prophylactique.* — On a peu l'occasion de mettre en pratique cette partie du traitement dans les hôpitaux, où les femmes ne se présentent qu'au moment même de l'accouchement.

On signale cependant un certain nombre de moyens propres à prévenir le développement des fissures du mamelon. En première ligne, nous plaçons les soins de propreté.

On pourrait, nous disait le professeur Lorain, dans ses leçons cliniques de la Pitié, prévenir les crevasses en étirant, malaxant le mamelon et l'extrémité des seins avant l'accouchement, et même avant le mariage. Par ce moyen, on donnerait de l'élasticité à la peau, on la rendrait ferme, résistante et souple. Chez les femmes dont le mamelon est trop court, on conseillera la succion faite par une personne dont la bouche est saine, ou bien par un chien nouveau-né, d'une forte race, dont on aura soin d'envelopper les pattes. On pourra se servir aussi de pipettes, de ventouses. Les jeunes femmes doivent, dit Bouchut, abandonner le corset qui comprime le mamelon, et le remplacer par un corset très-large, élastique, avec de vastes goussets.

Chez les femmes qui ont un mamelon à peau fine et sensible, on fera, dans le dernier mois de la grossesse des lotions astringentes répétées plusieurs fois par jour on se servira à cet effet d'eau froide, de vin, d'extrait de Saturne, etc. L'expérience de la sœur du service fait croire à l'efficacité de compresses imbibées de kirsch ou de bonne eau-de-vie. Dans ce cas, on s'arrange de façon à maintenir la compresse toujours humide.

Quand la femme commence à donner à têter, le meilleur moyen prophylactique est de faire laver le mamelon avec une éponge fine, imbibée d'une solution alcaline. En effet, la salive de l'enfant est acide, et pour peu qu'il reste du caséum, cela suffit pour amener des excoriations. Ces lotions seront faites, dit Trousseau (*Gazette des hôpitaux*, 1850), avec la plus grande promptitude, afin de laisser le sein exposé à l'air le moins de temps possible, car l'exposition au froid, du mamelon, encore humide et chaud, que l'enfant vient de quitter, paraît, nous l'avons déjà dit, la cause la plus ordinaire des gerçures.

2° *Traitement curatif.* — Si les différents moyens de traitement prophylactique que nous venons de décrire réussissent généralement, il n'en est malheureusement pas de même des moyens curatifs, qui laissent beaucoup à désirer. Il sont pourtant bien nombreux, et il n'y a pas d'affection contre laquelle on ait proposé plus de pommades, de solutions, de liniments, etc. Mais cette richesse apparente cache une grande pauvreté, et, si nous avions en notre possession un agent thérapeutique infaillible, nous nous contenterions de le consigner seul sur notre liste.

La cessation de l'allaitement serait le remède par excellence, dit Cazeaux; mais il faut convenir qu'il est désespérant pour certaines mères, qui tiennent essentiellement à nourrir.

Velpeau n'est pas de cet avis; selon lui : « la femme

ne doit pas cesser de nourrir ; quand même il n'y aurait qu'un sein de pris, il convient de ne pas supprimer la lactation du côté malade. Si la femme ne donne plus à têter, la sécrétion du lait continuant entretient dans la mamelle une chaleur, un gonflement, une tension, un engorgement tels que les gerçures et les excoriations en sont exaspérées, qu'il y a bientôt menace de phlegmon et d'abcès. Si donc il n'y a pas d'autre contre-indication, on doit tout essayer contre les gerçures avant de renoncer à l'allaitement ; mais si la maladie résiste, si la femme continue d'en être profondément impressionnée, si le nouveau-né devient malade ou maigrit, il vaut mieux aller chercher une autre nourrice. »

Passons maintenant rapidement en revue les différents moyens employés, en nous appuyant sur ceux qui paraissent avoir été suivis de quelque succès.

Quelques praticiens appliquent des pommades fondantes ; d'autres, le sureau qui donne une coloration jaune, tachant le linge. Certains se servent d'onguent mercuriel, et tiennent comme une bonne chose la salivation qu'il produit. Il y en a qui se servent d'huiles, de baumes, de beurre frais, d'axonge, de compresses de vin dans lequel on a éteint un fer rouge, de cire blanche fondue dans une cuiller. On emploi aussi les astringents : vin, alcool, tannin, écorce de chêne ou de quinquina, alun, etc. On a fait des applications de glace. Comme il y a souvent de la lymphangite, les commères emploient dans ce cas le remède français par excellence, le cataplasme. Dubois paraît avoir essayé inutilement le beurre de cacao, le nitrate d'argent, le collodion et la créosote.

On a vanté la feuille de lierre, l'huile de jaunes d'œuf. En Allemagne on applique de la ouate.

Cazeaux (*Traité d'accouch.* 1874) et Gillette (*Bulletin de la Société de médecine*, novembre 1875) préconisent l'emploi de l'eau de madame Delacour, dans laquelle le tannin entre pour une grande part. On fait avec cette eau des lotions, dès que l'enfant a tèté, et l'on coiffe le mamelon avec une espèce de chapeau de plomb. Notons que le chapeau de plomb est dangereux, ainsi que le chapeau d'étain par lequel on le remplace souvent. Ce chapeau, destiné surtout à préserver du contact de la chemise, rend de véritables services.

Nous avons entendu parler d'un remède de vieille femme qui réussit bien : c'est une macération de graines de citrouille dans du rhum, en quantité suffisante pour produire une pâte mucilagineuse.

Le glycérolé d'amidon simple, ou le glycérolé d'amidon au tannin produisent de bons résultats.

La pratique de Lorain était très-simple. Il soutenait légèrement le sein avec un bandage, empêchait le contact de linges trop durs, prévenait autant que possible le gonflement des seins, faisait essuyer le mamelon après chaque tètée, et le faisait ensuite laver à l'eau fraîche.

Bondel (*Ann. de gynécologie.* t. IV, 1875) emploie le traitement suivant : on enduit le bout du sein de teinture de benjoin, au moyen d'un pinceau de blaireau, et la crevasse se cicatrise sous la mince couche de benjoin, qui adhère au mamelon, après évaporation de l'alcool. Il est inutile de laver le mamelon, au moment de donner le sein à l'enfant, et, dès qu'il a tété, on étale une nouvelle couche de teinture.

Si ce moyen échoue, on a recours au suivant, conseillé par Legroux : au pourtour du mamelon, et non sur le mamelon lui-même, on étale à l'aide d'un pinceau une mince couche de collodion, et on applique immédiatement par-dessus un morceau de baudruche percé de quelques trous dans la partie qui correspond au mamelon. Au moment de présenter le sein à l'enfant, on a soin de mouiller la baudruche avec de l'eau afin de l'assouplir. L'allaitement n'est plus douloureux. les crevasses et les ulcères guérissent en quelques jours

Il nous reste maintenant à parler de l'emploi de l'acide picrique, qui a donné à M. Charrier (*Gaz. des hôp.* 1876, n° 61) d'excellents résultats.

Il faut avant tout de l'acide chimiquement pur, qui soit complètement privé de soude. On emploie deux solutions :

L'une concentrée, dont voici la formule :

Eau distillée.......	1000 gr.
Acide picrique	13 »

L'autre plus faible :

Eau distillée.......	1000 gr.
Acide picrique	1 »

Voici comment on procéde : Le bout du sein est bien abstergé, nettoyé avec une éponge fine, imbibée d'eau tiède. Cela fait, on prend un petit blaireau très-fin que l'on trempe dans la solution *concentrée*, et l'on promène plusieurs fois de suite le pinceau sur la crevasse, et sur tous les points enflammés. Ce pansement est fait une fois par jour, le matin ; mais après chaque tètée, on trempe le mamelon, pendant trois ou quatre minutes, dans un petit verre rempli de la solution picrique au 1000e. Au bout de douze à vingt-quatre heures, les douleurs si vives que la succion de l'enfant faisait naître, se calment, et toutes les parties précédemment rouges, enflammées, redeviennent roses et indolores. La solution picrique ayant coagulé la lymphe, éteint l'inflammation sur place, empêche l'extension au loin de la lymphangite, et conséquemment la production des phlegmons et des abcès de la mamelle. L'acide picrique a aussi cet avantage de tanner l'épiderme très-fin du mamelon, et de le rendre ainsi bien moins suceptible d'altération.

3° *Traitement des complications.* — Pour la description complète de ce traitement, il convient de recourir aux traités de pathologie chirurgicale. On laissera en permanence des cataplasmes de fécule qu'on aura soin de renouveler quatre fois par jour. On relèvera le sein le plus haut possible, en l'approchant de la ligne médiane. On recouvrira de ouate le cataplasme, et on fera une compression modérée. — Les uns veulent laisser les abcès s'ouvrir spontanément ; les autres font une incision, lorsque l'abcès est suffisamment mûr : ce dernier procédé nous paraît préférable. En effet, la cicatrice est linéaire et moins difforme, et la guérison arrive plus rapidement.

4° *Traitement de l'état général.* — Dès que les gerçures se sont prononcées, et la période ascendante est rapide, l'état général ne tarde pas à s'ébranler. Le pouls s'accélère, la peau devient brûlante, la soif vive, la courbature générale, et la sueur vient terminer l'accès. Nous avons donc là un véritable accès de fièvre, qui peut prendre quelquefois de fortes proportions. Est-il besoin d'ajouter que le sommeil et l'appétit se ressentent de ce trouble général? Les gerçures deviennent alors de plus en plus douloureuses ; elles augmentent en surface et en profondeur ; elles deviennent saignantes. L'allaitement n'est plus possible, il faut le suspendre. Il faut encore s'estimer heureux, si, sous l'influence de ces accès qui prennent franchement l'allure périodique à intervalles de plus en plus courts, les lymphatiques et les ramuscules veineux ne s'enflamment pas, et n'entraînent l'engorgement, prélude de l'abcès. En tout cas, les gerçures étant la conséquence d'un état pathologique qui se traduit, ou va se traduire par des accès de fièvre, le traitement qui en découle, consistera naturellement dans l'emploi des fébrifuges. En d'autres termes, les gerçures du mamelon sont au premier chef justiciables de la quinine. Le Dr Le Diberder, médecin en chef de l'hôpital de Lorient, cite quatre observations (*Annales de gynécologie*, 1876, t. VI, p. 173). Cette médication lui a toujours réussi; la guérison était rapide, elle survenait au bout de quatre ou cinq jours.

Ainsi donc, nous agirons contre l'état général par le sulfate de quinine, les lavements et les purgatifs.

N'ayant malheureusement aucune expérience personnelle sur le traitement, nous donnons la préférence à celui que nous avons vu réussir le plus souvent.

Comme le traitement curatif est infidèle, il convient d'attacher une grande importance au traitement préventif. Étant donné que les lésions du sein chez les nourrices sont très-fréquentes, qu'elles peuvent avoir des conséquences graves pour la mère et pour l'enfant, il ne faudra rien négliger pour prévenir le mal si difficile à guérir, lorsqu'une fois il existe : nous ne saurions trop insister sur cette partie du traitement.

En résumé :

Parmi les moyens prophylactiques, nous préconiserons la malaxation, la titillation et la succion, lorsque les mamelons seront mal conformés, et les compresses de bonne eau-de-vie dans tous les cas.

Comme traitement curatif, nous recommanderons la pratique de Lorain, les compresses de vin sucré de M. Depaul, le glycérolé d'amidon au tannin, et la cautérisation au nitrate d'argent, lorsque les crevasses seront profondes et rebelles. (Obs. et en particulier obs. XXI.)

On traitera les complications par des cataplasmes, des incisions chirurgicales, et on agira contre l'état général par le sulfate de quinine, les lavements et les purgatifs.

OBSERVATIONS

Nous aurions pu multiplier nos observations. Nous n'en donnons qu'un certain nombre démontrant que l'allaitement est souvent impossible, par suite de lésions, ou d'une mauvaise conformation des mamelons.

Partout où le traitement n'est pas indiqué, c'est qu'on aura institué le traitement habituel, c'est-à-dire les compresses de vin sucré, ou le glycérolé d'amidon au tannin.

Obs. I. — Crevasses. — Perte de substance à chaque mamelon. — Chute du mamelon droit. — Mammite superficielle double. — Température s'élevant jusqu'à 40,7. — Allaitement maternel impossible. — L'enfant dépérit.

Le 8 juillet 1875, au n°10 de la salle Notre-Dame de l'hôpital de la Pitié, est entrée la nommée A... (Phélipa), cuisinière, âgée de 22 ans, née à Dima (Espagne). C'est une blonde, à cheveux fins, bien constituée et d'une bonne santé habituelle ; bipare. N'a pas nourri son premier enfant.

Accouchement normal le soir d'une fille à terme, de poids moyen. Les grandes douleurs n'ont duré qu'une heure.

Le 9. Lait non monté. Mamelons un peu invaginés, courts, difficiles à faire saillir ; à travailler.

Le 10. Montée du lait. L'enfant, dans les efforts de succion, a fait deux suçons sur l'auréole gauche.

Le 11. Lait monté. Gerçures douloureuses aux deux mamelons.

Le 12. Gerçures très-douloureuses, plus accentuées qu'hier.

Le 13. Les mamelons ce matin sont dans un état déplorable ; ils sont mâchés, broyés, couverts d'eschares et l'on voit des crevasses profondes à la base de chacun d'eux. Les deux auréoles sont rouges et la moitié antérieure de la surface des globes mammaires est rouge, luisante, chaude. Empâtement douloureux se propageant sous les aisselles. L'enfant tète difficilement et la mère, très-dure à la douleur, montre beaucoup de courage ; fièvre. On mettra des cataplasmes.

Le 14. Même état. L'enfant tète sa mère. Traitement : *ut suprà.*

Le 15. Moins de rougeur au sein gauche. La mammite droite occupe la moitié du sein autour du mamelon. Le sein droit est rouge, luisant, chaud. Les deux mamelons sont complètement ulcérés. La mère, malgré de vives douleurs, donne quand même le sein. Elle souffre beaucoup. En somme il y a du mieux, et on peut croire que tout se bornera à ces accidents. Température 40°2 matin, 40°7 soir. Pouls 96 matin, 106 soir.

Le 16. Le sein gauche va beaucoup mieux ; le droit est toujours rouge, luisant et chaud. Eschares moins épaisses sur les deux mamelons. Donne quand même le sein ; beurre de cacao et feuille de lierre. Température 38°7 matin, 39°4 soir. Pouls 96 matin, 100 soir.

Le 17. Le sein gauche va plus mal ce matin ; enflammé du côté externe, rouge et chaud. Le mamelon gauche a toujours l'aspect trituré. Le sein droit va mieux ; mais les crevasses à la base du mamelon droit sont très-profondes. Les mamelons sont extrêmement douloureux, et la mère verse des larmes en allaitant. Température 40°4 matin, 39°6 soir. Pouls 120 matin, 104 soir.

Le 18. Le mamelon droit est tombé, et à la place qu'il occupait on voit une plaie circulaire moins large que la base du mamelon et entourée par l'auréole rouge et enflammée. Le lait s'écoule par la plaie. Température 38°6 matin, 39°2 soir. Pouls 92 matin, 91 soir.

Le 19. Des bourgeons charnus apparaissent sur la plaie résultant de la chute du mamelon droit. Pas de saillie à cet endroit, mais une légère dépression. Impossibilité de donner le sein à l'enfant qui maigrit. Le sein gauche est toujours rouge. Température 37°4 matin, 38°2 soir. Pouls 72 matin, 92 soir.

Le 20. Le lait coule toujours à droite. Des bourgeons charnus faisant une saillie de 1 millimètre à 1 millimètre 1[2, se montrent encore sur la plaie, surtout à la partie inférieure. Cette petite plaie a bon aspect. Le mamelon gauche est toujours en très-mauvais état et couvert d'eschares ; certaines portions de ce mamelon se détachent et tombent. La mère ne donne que le sein gauche qui est moins rouge et moins chaud qu'hier. Les seins ne sont pas durs. L'enfant est pâle ; depuis quelques jours il souffre, maigrit, dépérit et crie. Pouls 92 matin.

Le 21. Sort non guérie avec un enfant maladif.

Obs. II. — Crevasses ulcérées aux deux mamelons. — Mammite superficielle double. — Allaitement maternel presque impossible. — Enfant nourri par une autre mère.

Le 4 juillet 1875, au n° 12 de la salle Notre-Dame de l'hôpital de la Pitié, est entrée la nommée S.., (Alphonsine), âgée de 25 ans, ménagère, née à Bordes (Yonne); primipare. Bien constituée et d'une bonne santé habituelle. Sa grossesse s'est bien passee.

Le 5. Accouchée normalement à minuit, après trois heures de grandes douleurs, d'une fille pesant 3,000 grammes.

Le 6. Le lait n'est pas encore monté. Bouts courts, à travailler.

Le 7. Le lait monte. Gerçures aux deux mamelons.

Le 8. Le lait est monté. Crevasse large et profonde à la base du mamelon gauche; crevasses au sommet du mamelon droit qui saigne quand l'enfant tète. Fissures nombreuses, mais peu profondes sur les côtés du mamelon droit; élancements douloureux dans les seins. Le lait s'écoule spontanément par les mamelons; fièvre.

Le 9. Ulcérations à la base du mamelon droit. Crevasses profondes à la base du mamelon gauche; frisson hier soir de 1 heure à 2 heures; lymphangite double; fièvre; pouls fréquent pour une femme qui vient d'accoucher. L'enfant a les deux yeux rouges et gonflés. Température 39°9 soir. Pouls, 112 soir.

Le 10. Crevasses profondes à la base de chaque mamelon; gerçures aux sommets. Il y a un peu de mammite superficielle de chaque côté. La mamelle droite surtout est rouge et chaude du côté externe. Cataplasmes sur les seins. Température 39°7 matin, 39° 6 soir. Pouls 92 matin, 100 soir.

L'enfant est nourri par une autre femme; il est affecté d'une ophthalmie purulente double.

Le 11. Même état. Cataplasmes sur les seins. Température 38°3 matin, 38° 9 soir. Pouls 84 matin, 86 soir.

Le 12. La rougeur du sein droit est moins forte. On continue les cataplasmes sur les seins. Température 38°4 matin, 40° 8 soir. Pouls 84 matin, 96 soir.

Le 13. Sein droit va de mieux en mieux. Encore de la fièvre; cataplasmes.

L'enfant tète encore une autre mère, et a toujours une ophthalmie purulente double. On a employé les irrigations d'eau fraîche, et la cautérisation au nitrate d'argent.

La mère veut absolument s'en aller et sort non guérie, avec un enfant malade, sous prétexte que ni lui ni elle ne sont soignés convenablement.

Obs. III. — Ulcérations et perte de substance aux deux mamelons. — Chute du mamelon gauche. — Allaitement maternel impossible.

R... (Augustine), femme P... (Cyprien), née à Paris, âgée de 27 ans, lingère, est entrée le 1er octobre 1875, au n° 7 de la salle

Notre-Dame de l'hôpital de la Pitié. Bonne constitution. C'est sa deuxième grossesse : elle a été normale. La première s'est bien passée ; a nourri et n'a rien eu aux seins.

Le 14. Attend. Présentation normale.

Le 15. Accouchée normalement à 2 heures du matin d'une fille de poids moyen. A perdu cependant plus de sang que d'habitude. Bon pouls. Seins bien conformés ; mamelons un peu courts. L'enfant essaye de téter.

Le 16. La mère a des tranchées utérines : abdomen sensible. Bouts à travailler ; gerçures légères aux deux mamelons. L'enfant se porte très-bien.

Le 17. Mamelons larges et comme aplatis, à surface irrégulière, framboisés ; gerçures très-douloureuses aux deux. La mère a mal au cœur quand elle donne le sein ; la douleur et la crainte font qu'elle retient son lait, dit-elle.

Le 18. Même état.

Le 19. Toujours des tranchées. Langue blanche. Abdomen sensible à la palpation du côté gauche. Douleur à la jambe gauche. Pas de phlegmatia alba dolens. —Cataplasmes. Purgatif.

L'enfant crie continuellement ; il ne va pas à la selle depuis 24 heures. Le sirop de chicorée n'a rien fait. Il n'y a ni oblitération, ni obstruction. On lui mettra un petit cataplasme sur le ventre et un suppositoire en cire.

Le 20. Le sommet des mamelons est couvert d'oschares qui se ramollissent et se détachent lorsque l'enfant tète. Le mamelon gauche est un peu invaginé ; irrégulier. Plus de tranchées. L'enfant est allé à la selle à la suite de lavements. Va bien.

Le 21. Les mamelons sont couverts de larges eschares qui tombent, lorsque l'enfant tète, et qui laissent à nu des surfaces saignantes. Mamelon gauche un peu invaginé. Sillon transversal ulcéré au sommet de ce mamelon.

Le 22. Les mamelons sont dans un très-mauvais état. En haut, du côté externe du mamelon gauche, il y a une perte de substance assez considérable ; le reste est enfoncé dans la mamelle. Le mamelon droit est moins atteint, quoiqu'à la base, il y ait une crevasse qui menace de le faire tomber en entier. La mère éprouve des douleurs atroces ; la pensée de donner le sein lui fait mal au cœur ; les seins s'engorgent un peu et l'enfant alors tire plus fort et fait des efforts plus grands ; il crie ; il est toujours constipé. On lui donnera à boire de l'huile.

Le 23. L'allaitement est devenu impossible, tellement les mamelons sont dans un état pitoyable. Le mamelon droit est presque entièrement détaché. On met cataplasmes, ouate, et on fait passer le lait. L'enfant est élevé au biberon ; il a eu une selle cette nuit.

Le 24. Eschares tombent à droite. Seins un peu douloureux. — Cataplasmes ; ouate.

Les 25 et 26. Seins encore un peu douloureux ; les crevasses se cicatrisent; plus rien qu'une eschare sur le point de tomber à droite. Le mamelon gauche ne va pas aussi bien. L'enfant va à la selle.

Les 27 et 28. Vésicules herpétiques à la lèvre supérieure; faible ; mais les seins ne sont plus douloureux. L'enfant va bien.

Le 29. Sort. Eschare assez large sur le mamelon droit. Mamelon gauche à moitié détruit. Elèvera son enfant au biberon.

Obs. IV. — Crevasses aux deux mamelons. — Pertes de substance. Affaissement des mamelons — Allaitement maternel presque impossible.

B... (Héloïse), femme S..., âgée de 40 ans, journalière, née à Briosne (Eure), est entrée le 11 novembre 1875, au n° 20 de la salle Notre-Dame de l'hôpital de la Pitié. Bien constituée, grossesse normale. A des douleurs depuis 2 heures du matin. Accouchée normalement et facilement à 9 heures, d'un petit garçon pesant 2,450 grammes. Probablement avant terme. C'est sa troisième grossesse. Les autres accouchements se sont également bien passés. Mamelons effacés, courts, rugueux, irréguliers, malpropres, à travailler.

Le 12. Pas de lait. N'a jamais pu nourrir. A eu des gerçures en essayant de donner le sein.

Le 13. Pas de bouts; gerçures aux deux ; seins durs ; peu de lait.

Le 14. Bouts courts, invaginés, gercés ; seins gonflés, volumineux, durs. Donne à têter à plusieurs enfants. Préfère les gros aux petits, parce que, quand ils tiennent les bouts, ils ne lâchent plus.

Les 15 et 16. Mieux. Seins moins durs ; même état des gerçures ; vives douleurs en donnant le sein.

Le 17. Bouts effacés ; se sert de la ventouse pour les faire : cela réussit assez bien. Après la tètée, les mamelons sont couverts de filaments blanchâtres, d'eschares ramollies, et le derme est à nu. Les mamelons se rétractent alors, et se couvrent de nouvelles eschares.

Le 18. Mamelon droit peu saillant et presque totalement couvert d'une large croûte noirâtre. Il y a eu perte de substance, et l'eschare se trouve au fond d'une dépression formée dans le mamelon. Le mamelon gauche est effacé et couvert d'eschares.

Le 19. Même état des mamelons.

Le 20. Mamelon gauche complètement effacé et disparu ; sa place est occupée par une eschare dure et noire. Le droit est élargi et fait encore une saillie de 1 à 2 millimètres ; eschare noire. Ce mamelon a été pour ainsi dire mangé par l'enfant. La mère se sert encore de la ventouse et fait tout son possible pour donner à téter. L'enfant n'a pas souffert, grâce aux soins de la sœur de service.

Le 21. Sort non guérie, avec un enfant bien portant.

Obs. V. — Crevasses aux deux mamelons. — Abcès du sein droit. — Allaitement maternel impossible.

M... (Eléonore), journalière, âgée de 30 ans, née à Cogles (Ille-et-Villaine), est accouchée le 12 mai 1875, au n° 11 de la salle Notre-Dame de l'hôpital de la Pitié. C'est une femme robuste, primipare. Sa grossesse s'est bien passée. Seins volumineux ; paraissent engorgés ; mais ils ne sont pas durs.

Le 18. Crevasses à la base du mamelon droit qui est très-douloureux. Le mamelon gauche, effacé, est également gercé, mais moins que l'autre, car la mère ne le donne pas. L'enfant tète sa mère et va bien.

Le 19. Même état des mamelons. Sein droit douloureux.

Le 20. Mamelons et sein droit toujours très-douloureux. L'enfant se fatigue et tète mal.

Le 21. Mêmes crevasses. Ne donne plus à téter. Le sein droit est empâté et douloureux ; il se forme certainement là un abcès. Le mamelon gauche, complètement effacé, ne peut être pris par l'enfant, ce qui rend l'allaitement maternel impossible. La mère s'en va pour mettre son enfant en nourrice et revenir se faire soigner les seins. — N'est pas revenue.

Obs. VI. — Crevasses aux deux mamelons. — Affaissement complet du mamelon gauche. — Allaitement maternel très-difficile.

La nommée W... (Sophie), domestique, née à Bischwiller (Bas-Rhin), est entrée le 4 novembre 1875, au nº 19 de la salle Notre-Dame de l'hôpital de la Pitié.

Bien constituée. Grossesse normale. Accouchée normalement, après trois heures de grandes douleurs environ, d'un garçon à terme, pesant 3600 gr. C'est son deuxième. Crevasses et abcès aux seins en nourrissant le premier. Mamelles flasques. Mamelons assez longs, malpropres.

Les 5 et 6. Colostrum. Montée du lait.

Le 7. Lait monté. Les mamelons ont pris l'aspect d'une framboise. Gerçures très-douloureuses entre les saillies, dans les sillons.

Les 8 et 9. Seins douloureux.

Le 10. Mamelons rouges et de plus en plus framboisés; les saillies s'accentuent; très-douloureux.

Le 11. Même état des seins et des mamelons qui sont cependant un peu moins framboisés. Eschares brunes. Lorsque ces eschares tombent elles produisent des crevasses profondes et la chute partielle du mamelon. On mettra de la charpie avec le glycérolé au tannin. L'enfant tète assez bien.

Le 12. Les mamelons sont effacés; moins saillants, moins rouges; eschares; seins engorgés.

Le 13. Le mamelon droit est rouge, framboisé, peu douloureux, va mieux. Le gauche est effacé. Seins moins engorgés. Le lait coule spontanément.

Le 14. Même état des seins; crevasses moins profondes pourtant. Ne donne que le sein droit: le gauche ne s'engorge plus.

Les 15 et 16. Mamelon droit gros, rouge, framboisé; crevasse longue, à fond grisâtre, à la base. Les gerçures de ce mamelon vont cependant mieux. Ne donne que ce sein. Le mamelon gauche a disparu. Le sein gauche n'est pas dur.

Le 17. Mieux.

Le 18. Le mamelon gauche est affaissé et séparé de l'auréole, au moins sur la moitié de son contour supérieur, par une crevasse profonde que vient de mettre à nu une large eschare tombée. Le lait s'écoule par la plaie; ne peut donner ce sein. Le mamelon droit va bien ; plus rien qu'une petite crevasse à la base.

Le 19. Même état. Démangeaisons aux mamelons.

Les 20 et 21. Même état du mamelon droit. Eschare nouvelle sur la crevasse gauche. Un bandage soutient le sein gauche, qui n'est point dur.

Les 22 et 23. Le lait s'écoule toujours spontanément par les mamelons. Même état. L'enfant a souffert ; il est pâle.

Le 24. La crevasse gauche est couverte par une eschare épaisse. Le sein gauche n'a plus de lait, il est flasque, le mamelon aplati est toujours effacé. Le lait vient bien au sein droit, dès que la mère a mangé ; donne le sein tout de suite, pour que le lait ne se perde pas. L'enfant souffre et dépérit un peu.

Le 25. Même état. Sort non guérie. Mettra son enfant en nourrice.

Obs. VII. — Crevasses aux deux mamelons. — Lymphangite et mammite diffuse doubles. — Allaitement maternel impossible.

B... (Adolphine), âgée de 30 ans, blanchisseuse, née à Gentilly (Seine), est entrée le 24 février 1876, au n° 13 de la salle Notre-Dame de l'hôpital de la Pitié. Bien constituée, teint châtain-brun, primipare; grossesse normale. Douleurs depuis le matin de la veille ; a perdu les eaux le soir. Fortes douleurs à minuit. Accouchée normalement, à 5 heures du matin, d'un gros garçon à terme, du poids de 3,500 gr. Auréoles roses; bouts courts, couverts d'eschares provenant du manque de soins de propreté et datant du commencement de la grossesse.

Le 25. Mamelons roses et sensibles. Lait non monté.

Le 26. Mamelon droit rouge; son auréole est rouge, enflammée, son sommet est gercé et couvert d'une eschare filamenteuse, blanchâtre, sous laquelle on aperçoit le derme. Très-douloureux. Le mamelon gauche est beaucoup moins enflammé, mais la mère ne donne pas ce sein.

Les 27 et 28. Sommet du mamelon droit fendillé, fissuré, enflammé et effacé. Suçons sur l'auréole. Seins gonflés. Le droit est dur et rouge sur toute la partie inférieure et externe ; gêne sous l'aisselle de ce côté. Le mamelon gauche est moins enflammé. Le lait s'écoule spontanément à droite ; il y a de la mammite diffuse de ce côté.

Le 29. Mamelon droit effacé ; le sein de ce côté est dur, gonflé, luisant et rouge sur presque toute la surface, mais surtout à la partie inférieure. Le mamelon gauche est aussi effacé et rouge. Sur la partie supérieure du sein gauche, on remarque une traînée elliptique de lymphangite survenue la nuit. Aisselle de ce côté douloureuse. L'aisselle droite est douloureuse aussi, lorsque le sein de ce côté gonfle.

1er mai. Même état. Douleurs aux aisselles. Elancements dans les seins ; comme des coups de lancette à l'extrémité ou dans la profondeur ; c'est le sein gauche le plus douloureux.

Cataplasmes ; bandage.

Le 2. L'enfant a été placé par l'Administration, car la mère ne pouvait le nourrir.

Le 3. Sein gauche gonflé, dur, rouge ; bout effacé : l'extrémité suppure, élancements. La traînée de lymphangite a disparu. Le sein droit va mieux : mamelon presque complètement effacé.

Cataplasmes, ouate, puis bandage croisé.

Le 4. Le sein droit va bien ; quelques élancements au gauche ; plus rien aux aisselles.

Le 5. Pas de mamelons ; crevasses béantes à fond jaune.

Cataplasmes.

Le 6. Sort non guérie ; pour l'instant il n'y a pas d'abcès à craindre.

Obs. VIII. — Crevasses aux deux mamelons. — Perte de substance au mamelon gauche. — Allaitement maternel difficile et même impossible à certains jours.

La nommée L. . (Pélagie), femme P... (Théophile), lingère, née à Chitenay (Loir-et-Cher) est entrée le 8 janvier 1876, au n° 14 de la salle Notre-Dame de l'hôpital de la Pitié. C'est une femme châtain noir, faiblement constituée, un peu anémique, primipare. Après une heure et demie de grandes douleurs, elle est accouchée normalement dans la soirée d'un garçon pesant 3,000 gr.

Le 9. Bouts courts à travailler.

Le 10. Pas de lait; bouts invaginés et un peu rouges; framboisés.

Le 11. Légères eschares aux sommets de chaque mamelon; bouts effacés. L'enfant tète bien.

Le 12. Bouts invaginés, à surface inégale; excoriations aux deux.

Le 13. Bouts effacés; gerçures; légères eschares. L'enfant parvient toujours à faire les mamelons; saignent pendant la succion.

Le 14. Même état.

Le 15. Crevasse à la base de chaque mamelon qui sont effacés. L'enfant les fait bien quand même. La mère souffre beaucoup.

Le 16. Crevasses et eschares saignantes aux deux mamelons; le lait coule par les crevasses goutte à goutte. Le mamelon droit est moins douloureux que le gauche.

Le 17. Ulcération à la base du mamelon gauche; crevasse étoilée; pus à la pression; perte de substance; mamelon déprimé. Le lait coule spontanément des deux côtés.

Le 18. Hier, l'enfant a tèté une autre mère, aussi l'ulcération gauche s'est cicatrisée; mais le mamelon est complètement effacé La même chose s'est produite à droite. Seins un peu gonflés.

Le 19. Pus à travers les eschares du mamelon gauche. Donne le sein droit qui est douloureux, mais dont les crevasses se cicatrisent un peu. Sein gauche un peu gonflé.

Le 20. Amélioration. Femme courageuse.

Le 21. Mieux. La cicatrice du mamelon gauche disparaît, mais ce mamelon est complètement effacé, et l'enfant le saisit difficilement. Le mamelon droit est également effacé, et une crevasse occupe la moitié de la circonférence de la base.

Le 22. Gouttelettes de pus à travers la crevasse du mamelon droit. Le mamelon gauche cicatrisé est le plus douloureux. L'enfant tète et va bien. La mère sort en cet état.

Obs. IX. — Crevasses aux deux mamelons. — Perte de substance au mamelon droit. — Abcès tubéreux aux deux seins. — Allaitement maternel impossible.

La nommée R... (Herminie), âgée de 22 ans, domestique, née à Brionne (Eure), est entrée à l'hôpital de la Pitié, au n° 12 de la salle Notre-Dame, le 18 avril 1876. C'est une femme rousse, assez bien constituée, primipare. Elle est accouchée normalement à 11 heures du soir d'une petite fille pesant environ 5 livres et demie. Elle a eu des crampes. Il y a quatre ans, il lui est survenu à la nuque, côté droit, un engorgement des ganglions lymphatiques, plutôt gênant que douloureux : a duré trois ans, puis a disparu insensiblement pour revenir pendant la grossesse. Bouts complètement effacés ; des deux côtés, il n'y en a pas : difficiles à faire.

Le 20. Toujours comme un chapelet de glandes à la nuque. Moins douloureux depuis l'accouchement. Bouts difficiles à faire.

Le 21. Bouts roses, sensibles. Lait monté.

Le 22. Seins volumineux ; le lait coule des deux côtés. Bouts effacés ; ecchymoses sur chacun d'eux.

Le 23. Mamelons effacés ; le gauche est rouge, mais va bien. Le sein droit est couvert de suçons et de plaques ecchymotiques ; il y en a même sur l'auréole. Perte de substance au sommet droit; fond jaune; saigne quand l'enfant tète.

Le 24. Le bout gauche, assez long, va bien. Le lait coule au au mamelon droit dont le sommet est couvert de débris pulpeux de peau mortifiée ; taches rouges sur le sein droit qui gonfle.

Le 25. N'a pas donné hier le sein droit ; il coule ; le donne ce matin, mais saigne. Eschare au sein gauche.

Le 26. Eschare de 1 centimètre carré à bords jaunes, recouvrant de pus au mamelon gauche. Quand l'enfant prend ce mamelon effacé, l'eschare se soulève et la plaie saigne. Les glandes de la nuque disparaissent.

Le 27. Eschare droite tombée; plaie saignante; formation d'une autre eschare noire. Les seins ne sont pas trop gonflés; mamelon gauche effacé ; large eschare suppurante à côté.

Le 28. Mamelon gauche effacé; l'eschare est tombée, et il y a à la place une ulcération à bords découpés, à fond jaunâtre, de près d'un centimètre carré de surface. Le mamelon droit est effacé, ulcéré ; des gouttes de pus sortent à travers les eschares. Vives douleurs. L'enfant ne peut têter ; le lait coule aux deux seins.

Le 29. Plus de mamelons, toujours effacés ou ulcérés ; rétraction cicatricielle des tissus à l'emplacement du mamelon droit ; ulcère à fond jaune à côté du mamelon gauche. A droite, le lait ne coule plus parce qu'il y a affrontement des bords des crevasses, et que les cicatrices ne sont pas fendillées; coule à gauche. Allaitement impossible; fait goutter le lait dans la bouche de l'enfant.

Le 30. Ne pouvant plus allaiter, la mère a mis son enfant en nourrice. Ulcération non cicatrisée à gauche. Va bien. Ouate. On la purgera aujourd'hui.

1er mai. Plaques violacées du 23 avril disparues, les ulcérations ne se cicatrisent pas; seins durs, rénitents; induration profonde à gauche; pas d'engorgement axillaire; peau brûlante surtout au thorax; fièvre intense depuis cette nuit; n'a pas dormi. Rien autre chose. P. 104. — T. 38°3. Le lait coule à travers l'ulcération gauche seulement.

Le 2. La fièvre est tombée hier soir; pouls normal. Sein gauche dur; l'ulcération gauche s'est détergée sous la ouate; fond jaune; bords nets, se rapprochent; bon aspect : 1 centim. de long sur 5 millim. de large.

Le 3. Seins moins douloureux; pas de fièvre; sein gauche moins dur; l'ulcération se cicatrise; les bords seront bientôt affrontés. Eschares au sein droit; petites pustules disséminées sur les seins, mais surtout sur le sein gauche.

Le 4. Va bien; les seins sont encore un peu douloureux; l'ulcération gauche se cicatrise. Eschares au sein droit et pustule située sur le bord de l'auréole, à la partie inférieure.

Le 5. Seins mous; petit abcès laiteux au sein droit; autre abcès au sein gauche près de l'auréole à droite. Ulcération droite tout à fait cicatrisée.

Le 6. Les petits abcès se sont ouverts. Va bien.

Le 7. Il se forme d'autres petits abcès laiteux de la grosseur d'une noisette. Seins non durs.

Le 8. Petits abcès en formation; les premiers ouverts se cicatrisent. Seins non durs.

Le 9. Même chose. Grosseur de la dimension d'un œuf de poule, à côté du mamelon gauche, sous-cutanée, dure, douloureuse; aucune saillie au dehors.

Le 10. La grosseur a augmenté.

Le 11. Le grosseur augmente; l'extrémité du sein gauche est irrégulière, dure, douloureuse au palper; on y voit toujours deux abcès tubériformes gros comme un haricot et la cicatrice d'un troisième. Cataplasmes.

Les 12, 13, 14, 15, 16, 17, 18, 19, 20. Les abcès guérissent. Pas d'incisions. La grosseur diminue. Cataplasmes. Sort pour aller au Vésinet.

Obs. X. — Crevasses aux deux mamelons. — Chute de la moitié du mamelon gauche. — Allaitement maternel impossible.

Le 29 février 1876, la nommée R... (Emma), rempailleuse de chaises, âgée de 21 ans, née à Saint-Georges (Vendée), est entrée à l'hôpital de la Pitié, au n° 20 de la salle Notre-Dame. C'est une femme brune, bien constituée, primipare. Elle a de petites douleurs depuis le 27 au soir; les grandes douleurs l'ont prise à midi, aujourd'hui. Sa grossesse s'est bien passée. A 3 heures du soir, accouchée normalement d'un beau garçon. Auréoles brunes; bouts assez longs, mais non souples et comme recouverts d'un croûte fendillée.

1er mars. Vésicules transparentes au sommet des deux mamelons qui sont sensibles.

Le 2. Les vésicules ont éclaté.

Le 3. Des eschares remplacent les vésicules. Mamelons douloureux.

Le 4. Eschares au sommet, et crevasses à fond jaune à la base des mamelons qui sont douloureux.

Le 5. Eschares au sommet gauche; petites crevasses à fond jaunâtre autour de la base du mamelon droit.

Les 6 et 7. L'enfant a pris le sein gauche; le mamelon est long; mais des crevasses larges, ulcérées, à fond jaune occupent toute la circonférence, à mi-hauteur environ. Des eschares recouvrent la portion supérieure à ces crevasses; l'extrémité du mamelon est ulcérée et menace de tomber. Mêmes petites crevasses, comme imbriquées, à la base et autour des mamelon droit. La mère souffre et donne à tèter; aussi les seins ne sont pas gonflés.

Le 8. Le lait coule à droite; les cravasses de ce côté se ferment. Les ulcérations du côté gauche sont fermées; la partie supérieure s'est un peu enfoncée dans le sein, par suite de la rétraction causée par une cicatrisation momentanée; le sein gauche est très-douloureux, même sans le donner à l'enfant. La mère a les lèvres un peu décolorées, *facies* pâle; bruit de souffle intense dans les vaisseaux du cou. Bien plus faible qu'à son arrivée.

Le 9. Avait, hier soir, des glandes sous l'aisselle; même état des mamelons.

Le 10. Le mamelon droit va mieux; effacé; les petits crevasses se cicatrisent. Le mamelon gauche coule, lorsque le sein gonfle, il est assez long cependant, et l'enfant le fait bien. Il paraît divisé en deux, à mi-hauteur; la partie supérieure est ulcérée, formée d'eschares et d'un tissu jaunâtre qui durcit, lorsque l'enfant n'a pas tèté depuis un certain temps. Partout où se trouve ce tissu jaunâtre, il y a perte de substance. La mère est faible.

Le 11. Le mamelon gauche est dans le même état; une partie des fibres blanchâtres du tissu mortifié est tombée; il y a perte de substance, et le mamelon est sanguinolent au sommet. Les petites crevasses du côté droit se recouvrent d'eschares.

Le 12. La moitié supérieure du mamelon gauche est complètement ulcérée, la base est enflammée; la mère ne peut donner le sein de ce côté. Cataplasme, bandage. L'enfant tète le sein droit où il y a de petites crevasses. La mère voudrait mettre son enfant au Dépôt.

Les 13 et 14. Le bout droit va assez bien; rien qu'une crevasse avec tissu blanchâtre à la base. Le mamelon gauche tombe. Ouate.

Le 15. Les bords des crevasses du mamelon droit semblent se recoller en formant bourrelets. Entre ces bourrelets, il y a des solutions de continuité à travers lesquelles passe du pus qui se concrète en séchant. Il n'y a pour ainsi dire plus de mamelon gauche. L'enfant a peu souffert en raison des soins donnés par d'autres mères. La mère sort. Placera l'enfant en nourrice.

Obs. XI. — Crevasses aux deux mamelons. — Ulcérations profondes et très-douloureuses. — Affaissement complet des mamelons. — Impossibilité de l'allaitement maternel.

Le 5 avril 1875, la nommée B... (Stéphanie), couturière, âgée de 24 ans, née à Bazeilles (Ardennes), est entrée au n° 15 de la salle Notre-Dame (hôpital de la Pitié) C'est une femme blond-châtain. Sa grossesse s'est bien passée; varices; crampes. Elle souffrait depuis la veille à 7 heures du soir. Les grandes douleurs l'ont prise à minuit, et elle est accouchée normalement à 2 heures du matin d'un enfant de poids moyen. C'est son deuxième ; son premier, âgé de 2 ans, est vivant; elle l'a nourri et a eu des crevasses aux deux seins. Sa faible constitution lui a fait cesser l'allaitement après 4 mois.

Le 6. A eu un peu de douleur dans la région abdominale gauche. Bouts courts, irréguliers, rugueux.

Le 7. Coliques; bouts rouges, un peu enflammés; peau amincie, petites gerçures très-douloureuses.

Le 8. Diarrhée depuis deux jours; coliques; eschares transversales au sommet des deux mamelons qui sont roses, douloureux; peau amincie à la base.

Le 9. A la suite de deux lavements laudanisés, la diarrhée a été arrêtée; eschares et gerçures au sommet des deux mamelons qui sont mâchonnés; peau amincie, luisante à la base; crevasses à gauche. L'enfant a une ophthalmie purulente double; on a cautérisé avec une solution de nitrate d'argent; irrigations d'eau fraîche.

Le 10. Crevasse à la base du mamelon gauche; pus; bouts irréguliers, gercés, saignants quant l'enfant tète; lorsqu'il cesse de têter le bout gauche, celui-ci semble se détacher. La mère souffre beaucoup. Les yeux de l'enfant sont moins gonflés.

Le 11. On a encore cautérisé les yeux. La mère souffre extrêmement de ses crevasses; elle crie et pleure quand le moment de donner le sein approche. Bouts mâchés; crevasse à fond jaunâtre circonscrivant presque tout le mamelon gauche; petites crevasses et eschares sur les côtés. Le bout semble près de tomber quand l'enfant le quitte, la bouche ensanglantée. A droite les crevasses à la base sont moins profondes et pourtant bien plus douloureuses. Seins gonflés.

Le 12. Vives souffrances depuis deux ou trois jours. Les mamelons vont encore plus mal; les crevasses de la base sont ulcérées; un pus jaunâtre s'écoule et fait adhérer à la chemise les mamelons qui se sont aplatis et enfoncés dans les seins. Ceux-ci sont plus gonflés qu'hier. La mère pleure et ne veut absolument plus donner le sein, tant elle redoute des douleurs. Les yeux de l'enfant vont un peu mieux. On ne peut le donner à une autre mère à cause des yeux.

Le 13. Les crevasses à la base des mamelons vont un peu mieux; elles suppurent encore; les mamelons sont moins aplatis; les seins ne gonflent plus. La mère donne à têter quand même.

Le 14. Beaucoup mieux; plus d'eschares sur les côtés; les crevasses se cicatrisent; presque plus de pus. Les mamelons sont propres, roses, non enflammés, un peu aplatis, beaucoup moins douloureux. Les yeux vont mieux.

Le 15. Les yeux sont toujours gonflés. Même état des crevasses et des mamelons, pus à droite. Crevasses se cicatrisent à gauche, enfermant du pus qui s'échappe en ouvrant les crevasses de nouveau : le mamelon devient alors douloureux. La mère ne pourra mettre son enfant en nourrice tant qu'il aura cette ophthalmie double. Elle sort non guérie, ne pouvant allaiter!

Obs. XII. — Hémorrhagie (1,500 gr.) entre l'accouchement et la délivrance. — Crevasses aux deux mamelons. — Perte de substance au mamelon droit. — Menace de chute du mamelon gauche. — Allaitement maternel très-difficile.

Le 22 juin 1876, la nommée H... (Alphonsine), âgée de 22 ans, chapelière, née à la Roche-Guyon (Seine-et-Oise), est entrée au n° 12 de la salle Notre-Dame (Hôpital de la Pitié).

C'est une femme chataigne, d'une bonne santé habituelle. Ses règles sont peu abondantes, mais régulières. Elle avait des douleurs depuis 4 heures du soir; elle est accouchée à 11 heures d'un garçon. Elle a été prise entre l'accouchement et la délivrance d'une violente hémorrhagie, qui s'est apaisée peu à peu, après l'extraction du délivre qui était complet. L'utérus revient bien sur lui-même. Cette femme a eu une première grossesse, qui s'est terminée par une fausse couche à trois mois, survenue à la suite d'une forte et unique hémorrhagie; n'avait pas eu d'accident ni de grandes fatigues. Une deuxième grossesse s'est bien passée jusqu'à terme à peu près, lorsque est survenu une suite d'hémorrhagies, qui ont amené une grande faiblesse. Elle a perdu connaissance pendant huit jours, dit-elle, et ne sait ce qui s'est passé; elle a eu pendant ce temps des pertes de sang abondantes : accouchée d'un enfant mort-né; le sang s'est arrêté après la délivrance. Aujourd'ui l'hémorrhagie a eu lieu après l'accouchement, quoique la sage-femme lui ait dit autrefois, non sans raison, qu'elle n'accoucherait jamais d'enfant à terme et vivant. N'a rien eu aux seins. Mamelons bien conformés, auréoles et bouts bruns. Pas de lait.

Le 24. A rendu hier un caillot pesant 200 grammes; le sang recueilli pesait 600 grammes; le sang qui imbibait le linge a été évalué à 6 ou 700 grammes, de sorte que cette femme a perdu environ 1500 grammes de sang. A un peu souffert hier ; perd encore un peu en rouge. L'utérus est bien revenu. On l'a sondée hier. Croûte au sommet des mamelons provenant du manque de soins de propreté et du frottement de la chemise, du corset, etc.; prête à tomber.

Le 25. Va bien ; perd en rose mais peu.

Le 26. Depuis hier les bouts se sont enflammés; la croûte est tombée, mais les bouts se sont couverts au sommet d'érosions, de petites eschares et de petites fissures; ils sont comme mâchonnés : le droit surtout est très-douloureux; l'autre l'est beaucoup moins. Lait monté.

Le 27. Crevasses et gerçures douloureuses au mamelon gauche. Le droit est effacé ; sa surface est enflammée, jaunâtre, excoriée. L'auréole, de ce côté, est enflammée; le lait coule goutte à goutte.

Le 28. Filaments blanchâtres du tissu conjonctif à gauche; moins douloureux; bout long et bien pris par l'enfant. Le bout droit est effacé, dénudé, saignant ; le lait coule toujours de ce côté, mais moins qu'hier.

Le 29. Eschares brunes et fines aux deux sommets; plus d'inflammation et moins de douleur.

Le 30. Eschares brunes, jaunâtres et dures sur les deux mamelons qui sont peu déprimés. Peu d'inflammation et peu de douleur. Coliques; perd peu. L'enfant se porte bien.

1er juillet. L'enfant pleure, ne tète pas ; la cicatrisation est dans la même voie ; il y a perte de substance en haut, du côté droit. Cicatrisation circulaire, séparant du mamelon gauche l'extrémité, qui semble vouloir tomber. Plus d'inflammation ; peu douloureux; ne perd plus que normalement.

Le 2. Un peu de mieux; moins douloureux.

Le 3. Cicatrisation lente ; eschares légères, mais tombant souvent; la peau forme un bourrelet sur les bords, et la cicatrisation marche de la périphérie vers le centre ; il y a perte de substance à gauche. Plus d'inflammation, ni de douleur, ni de coliques.

Sort avec des mamelons en mauvais état. L'enfant va assez bien; la mère le mettra en nourrice.

Obs. XIII. — Mère syphilitique. — Vaginite. — Ophthalmie purulente double blennorrhagique chez l'enfant le 4e jour. — Crevasses aux deux mamelons. — Allaitement maternel difficile.

B... (Eugénie), couturière, âgée de 18 ans, née à Crèvecœur-le-Grand (Oise), est entrée à l'hôpital de la Pitié, le 23 juillet 1876, venant du Saint-Rosaire, service de M. Gallard. C'est une femme blond-roux, à face couverte d'éphélides; bonne constitution, avait des douleurs depuis la nuit du 22 au 23 ; accouchée normalement à neuf heures et demie du soir, d'une fille de 8 livres. Cette femme est syphilitique depuis le début de sa grossesse. Il y a deux mois, elle a eu mal à la gorge, des croûtes dans la tête et de l'engorgement des ganglions cervicaux ; a perdu des cheveux ; n'a pas remarqué d'éruption roséoliforme ; pas de douleurs ostéocopes ; exostose médio-palatine ; n'a pas été traitée en raison de son état de grossesse, vaginite granuleuse; en outre et assez souvent, de la cuisson à la miction. Prenait des injections. C'est son deuxième accouchement. La première grossesse et le premier accouchement se sont bien passés : enfant vivant. Jambes enflées à la première grossesse et non à celle-ci. A nourri quinze jours le premier et n'a rien eu aux seins. Sa dernière grossesse a été normale; l'accouchement s'est bien fait, et l'enfant ne porte aucune trace de l'affection maternelle.

Le 25. L'enfant va très-bien ainsi que la mère. Ganglions cervicaux de la mère un peu engorgés; lait monté : pâle.

Le 26. Seins volumineux, non durs; gerçures et eschares aux deux sommets; bosselures dans les parties déclives et postérieures des seins. L'enfant a les yeux gonflés, *jettent*.

Le 27. L'enfant a une ophthalmie purulente double, blennorrhagique; pus abondant. Cautérisation avec du nitrate d'argent; lavages; irrigations. Les gerçures vont mieux.

Le 28. Yeux moins gonflés. Erosions aux deux sommets ; gerçures commençant à s'ulcérer au sommet gauche.

Le 30. Yeux vont mieux. La mère a mal à l'estomac.

Le 29. Les yeux vont beaucoup mieux; commence à les ouvrir. Crevasse étoilée au sommet gaucher.

Le 31. Même état des yeux : toujours purulents. Enfant tète bien; rien sur le corps.

Août. Les 1, 2, 3, 4. Les yeux vont mal. Même état de la crevasse gauche.

Le 5. Les yeux vont aussi mal; rien sur le corps.

Le 6. Yeux moins gonflés.

Le 7. Même chose.

Le 8. Bien ; ouvre un peu les yeux.

Le 9. Bien. Les crevasses sont dans le même état; les bords sont comme bordés par un bourrelet. La cicatrisation se fait bien.

Les 10 et 11. L'enfant ouvre un peu les yeux. Même état des crevasses de chaque mamelon.

Les 12 et 13. Les yeux sont à peu près dans le même état; on les cautérise tous les deux ou trois jours. Rien sur le corps; même état des crevasses.

Les 14, 15, 16, 17. Les crevasses se cicatrisent un peu. Les yeux de l'enfant jettent toujours beaucoup.

Les 18 et 19. Les crevasses se cicatrisent; bons bouts. Les yeux vont mieux. Rien sur le corps. Sort pour aller au Vésinet.

Obs. XIV. — Crevasses aux deux mamelons. — Mamelons bilobés. — Ophthalmie purulente gauche chez l'enfant. — Allaitement maternel difficile. — Placera son enfant en nourrice.

10 juillet 1876. R... (Marie), âgée de 23 ans, couturière, née à Dinan (Côtes-du-Nord), est entrée à l'hôpital de la Pitié, au n° 11 de la salle Notre-Dame, le 9 juillet, à six heures du soir. C'est une femme châtain-brun, bien constituée; elle a eu deux fluxions de poitrine : l'une à 15 ans, l'autre à 17. S'est bien portée depuis qu'elle est à Paris. A des douleurs depuis hier matin; de grandes depuis hier, trois heures du soir. Accouchement normal à terme, ce matin ; c'est son deuxième. Le premier est vivant, il a 5 ans; elle n'a pas eu de gerçures en le nourrissant pendant quinze jours. Ses grossesses se sont bien passées; jambes un peu enflées à la fin de cette dernière; crampes. Pas de lait. Mamelons assez longs, roses, peu pigmentés et comme bilobés (partagés transversalement en deux lobes par un sillon de 1 millimètre au moins de profondeur).

Le 11. Lait monté; va bien.

Le 12. Bien. L'enfant a un peu mal à l'œil gauche.

Le 13. Va bien. On lave souvent l'œil malade de l'enfant.

Le 14. Sein gauche dur; mamelon un peu sensible.

Le 15. Œil gauche purulent; lavages à l'eau. Crevasses aux mamelons qui sont durcis, inégaux, rouges, sensibles.

Le 16. L'œil va mieux. La mère a de la névralgie faciale à droite; cela lui arrive ordinairement à chaque époque. Eschare au sommet droit qui est aplati. Ne donne pas le sein droit qui ne durcit pas.

Le 17. Le sein droit est dur, surtout à droite, très-légèrement rosé de ce côté, douloureux, chaud; même état du mamelon ; les crevasses se cicatrisent bien, mais le mamelon s'efface. Plus de névralgie ; l'œil de l'enfant va bien.

Le 18. N'est pas allée à la garde-robe depuis onze jours; lavements. L'œil de l'enfant, quoique peu gonflé, est toujours rempli de pus. Fera passer son lait tout de suite, et élèvera son enfant au biberon, jusqu'à ce qu'elle trouve à le placer. Sort non guérie.

Obs. XV. — Crevasses aux deux mamelons. — Mammite superficielle double. — Douleurs vives. — Mamelons effacés. — Impossibilité de l'allaitement maternel.

G..... (Jeanne), âgée de 24 ans, passementière, née à Nantes (Loire-Inférieure), est entrée, le 13 août 1876, au n° 12 de la salle Notre-Dame (Hôpital de la Pitié). C'est une femme châtain-blond, d'une robuste constitution et d'une bonne santé habituelle. A de petites douleurs.

14 août. Pas de douleurs. C'est sa cinquième grossesse. Un enfant vivant sur les quatre premiers; sa troisième grossesse s'est terminée par une fausse-couche, à six mois. Le premier est mort à la suite d'une *révolution* qu'a eue la mère; le deuxième est mort le quinzième jour. La mère était tombée trois fois, et l'enfant avait des *dépôts* dans la tête; ses grossesses et ses accouchements se sont bien passés ; sa dernière a été normale aussi ; quelques varices. Présentation ordinaire; a nourri; a eu des crevasses en nourrissant son dernier, il y a deux ans. A la suite de ces crevasses elle n'a pu nourrir : il lui est survenu sept abcès au sein gauche ; elle a été soignée pendant trois mois à la Pitié.

Le 15. Accouchée hier soir, à six heures, d'une fille de 3,700 gr. Grandes douleurs depuis une heure ou deux heures, hier soir.

Les 16, 17. Seins durs. Pas de bouts; difficiles à faire; l'extrémité des seins est mâchonnée, excoriée. Les seins sont rouges, enflammés, surtout à l'extrémité ; eschares, gerçures, ecchymoses. Douleurs dans les aisselles. Du côté gauche, il y a une profonde crevasse à fond grisâtre. A eu des coliques.

Les 18, 19. L'extrémité des seins est rouge, enflammée ; les bouts sont complètement effacés; vives douleurs; eschares, fissures, bosselures dans le sein gauche. Ne peut plus nourrir du tout. Sort. Placera son enfant et soignera ses seins.

OBS. XVI. — Invagination complète des mamelons. — Allaitement maternel impossible.

F... (Eléonore), âgée de 24 ans, mécanicienne, née à Abbeville (Somme), est entrée, le 17 novembre 1876, à l'hôpital de la Pitié, au n° 11 de la salle Notre-Dame. C'est une femme blonde, moyennement constituée; dents cariées; n'a plus d'incisives, ni de canines; réglée à 13 ans et demi. Pas de maladies antérieures. Rien de particulier dans son enfance. Sa première grossesse a été normale ainsi que l'accouchement, il y a quatre ans. L'enfant est vivant; n'a pu nourrir parce que l'enfant ne pouvait prendre le sein; sa deuxième et dernière grossesse s'est bien passée également; à terme. Bouts effacés, sommets invaginés, auréoles moyennes, pâles.

Le 19. A perdu des eaux hier soir et ce matin.

Le 20. Accouchée hier, normalement, à une heure du soir, d'une fille de 6 livres et demie.

Le 21. Bien.

Le 22. Bien; l'enfant tète assez bien malgré les bouts.

Le 23. Bouts courts à sommet invaginé; aucune lésion; l'enfant prend le sein de plus en plus difficilement.

Le 24. Mamelons complètement effacés; l'enfant ne peut prendre le sein; on lui donne à boire du lait.

Le 25. Ventouse pour dégorger les seins. L'enfant boit au verre.

Le 26. Ne donne pas le sein.

Le 27. Seins vont bien, mais ne donne pas à têter. L'enfant va bien, malgré le mode d'allaitement. Sort guérie.

OBS XVII. — Disparition du tissu glandulaire à la suite d'abcès consécutifs à un allaitement antérieur. — Pas de lait. — Nouvel allaitement complètement impossible.

A... (Marie), âgée de 29 ans, cuisinière, née à Alençon (Orne), est entrée le 30 octobre 1876, à l'hôpital de la Pitié, au n° 12 de la salle Notre-Dame.

Le 31 octobre. C'est une femme brune, bien constituée; pas de maladies antérieures; réglée à 13 ans : bonne santé habituelle. C'est sa deuxième grossesse. La première a été normale, ainsi que l'accouchement; quelques varices. L'enfant est vivant; elle l'a nourri neuf jours et n'a pas eu de crevasses. Après ces neuf jours, il lui est survenu des abcès aux deux seins, principalement à l'auréole et à la base. Elle en a eu vingt-six en tout; les uns se sont ouverts spontanément, les autres ont été incisés. On n'osait guère inciser à l'hôpital, dit-elle, crainte d'érysipèle. Adhérences cicatricielles de la peau aux côtes et à la base des seins; bouts aplatis, rétractés; pas de souplesse. Depuis quinze jours, elle a des douleurs de reins; a perdu les eaux hier hier matin. Accouchée normalement hier soir, à onze heures, d'un garçon de 6 livres. A eu des varices aux deux jambes, à sa dernière grossesse, et quelques crampes sur la fin.

1er novembre. Bouts courts; enfant tète difficilement. La mère a quelques coliques.

Le 2. Seins gonflés.

Le 3. Seins gonflés, volumineux, roses; la mère fait les bouts avec la ventouse; ils sont gros, larges, mais courts, rouges. L'enfant ne tète pas.

Le 4. Même état. Seins bosselés à la palpation; très-peu de lait. D'autres femmes nourrissent l'enfant.

Le 5. Même état; l'enfant crie.

Le 6. Bouts gros, durs, courts et difficiles à prendre; l'enfant ne tète pas sa mère qui n'a pas de lait.

Le 7. Sort.

Obs. XVIII. — Crevasses aux deux mamelons. — Perte de substance au mamelon droit. — Allaitement maternel douloureux, déterminant le placement de l'enfant en nourrice.

T... (Caroline), âgée de 23 ans, née à Guemal (Haut-Rhin), est entrée au n° 13 de la salle Notre-Dame (hôpital de la Pitié), le 10 octobre 1876.

C'est une femme châtaigne, primipare; réglée à 14 ans, mais mal. Règles peu abondantes, avançaient ou retardaient. Constitution délicate; a toujours eu des points de côté névralgiques. Pas de maladies. Sa grossesse s'est bien passée.

Les 11, 12, 13, 14, 15, 16, 17 octobre. Accouchée normalement ce matin, à cinq heures et demie, après dix heures de douleurs, d'une fille pesant six livres et demie. Auréoles et bouts couleur café au lait; bouts gros, cylindriques, courts. Va bien.

Le 18. Bouts sensibles.

Le 19. Seins gonflés; le lait monte; excoriations aux deux sommets. Va bien, ainsi que l'enfant.

Le 20. Mêmes fissures; eschares aux deux; mamelons un peu enflammés, très-douloureux; seins durs; tire son lait avec ventouse; pleure.

Le 21. Même état.

Le 22. Seins moins durs; crevasse à la base du mamelon gauche occupant la moitié de la circonférence; perte de substance assez considérable au mamelon droit, en haut, du côté externe; à la base, filaments blanchâtres. Tire toujours son lait avec une ventouse. L'enfant va bien.

Le 23. L'enfant est parti en nourrice. La mère n'avait pas l'intention de le nourrir; mais elle l'a placé plus tôt à cause de ses seins. — Purgatifs, ouate.

Le 24. Bien.

Le 25. Bien.

Le 26. Sort guérie.

Obs. XIX. — Abcès consécutifs à des gerçures. — Crevasses aux deux mamelons. — Mammite diffuse double. — Menace de chute du mamelon gauche. — Affaissement et disparition des mamelons. — Allaitement maternel impossible.

W... (Marie), femme R... (Raymond), mécanicienne, âgée de 24 ans, née à Paris, est entrée le 20 novembre à l'hôpital de la Pitié, au n° 20 de la salle Notre-Dame.

C'est une femme brun-châtain ; éphélides à la face. Constitution médiocre; délicate. A fait une chute à 7 ans et a eu un *dépôt* au maxillaire supérieur gauche, avec propagation à l'œil. La cornée est opaque; on ne voit presque pas l'iris ni la pupille. Strabisme droit consécutif. Réglée à 16 ans. Attaque de rhumatisme articulaire, il y a six ans, pendant le siége. Une première grossesse, il y a trois ans, s'est très-bien passée; accouchement normal; enfant mort de convulsions à 6 semaines. Il y a deux ans, dans le courant d'une deuxième grossesse (ne sait pas au juste à quel mois), elle eut une violente peur durant un orage; la foudre tomba non loin d'elle; neuf jours après elle perdait les eaux, puis accouchait de deux jumeaux morts. Durant sa troisième et dernière grossesse, elle eut souvent des douleurs abdominales et, à la fin, des crampes dans les jambes. Accouchée normalement d'une fille à terme. Ventre sensible; elle paraît fatiguée. Cette femme a nourri quelques jours son premier; elle a eu des crevasses, a laissé ses seins s'engorger et a eu au sein gauche deux abcès qui se sont ouverts spontanément, et n'ont duré qu'une dizaine de jours. Auréoles mouchetées, brun-clair; petits bouts ronds et volumineux comme un gros pois, roses, sensibles et déjà légèrement excoriés.

21 novembre. Mamelons roses, enflammés, excoriés, très-sensibles.

Le 22. Mamelons enflammés, douloureux, gerçures à la base et sur la hauteur; seins un peu gonflés.

Le 23. Les deux mamelons sont enflammés, rouges; eschares; crevasses à la base occupant presque toute la circonférence, et laissant couler le lait. Le mamelon gauche semble tomber; auréoles rouges et gonflées. Douleurs excessivement vives derrière les épaules. Crie, pleure et paraît beaucoup souffrir. Seins non gonflés.

Le 24. A employé le vin sucré; plus de suppuration; crevasses fermées; plus d'inflammation; encore des élancements dans le dos quand l'enfant tète. Beaucoup de mieux; l'enfant tète bien.

Le 25. Crevasses fermées; les eschares des sommets sont tombées et le derme est à nu, rouge, saignant; pas d'inflammation; mieux.

Le 26. Auréoles et bouts enflammés et rouges de nouveau; gerçures très-douloureuses; les bouts s'affaissent. L'enfant va assez bien.

Le 27. Mamelons rouges, couverts d'eschares qui se détachent et saignent. Plus de crevasses à la base; mais les mamelons se sont affaissés par le fait de la cicatrisation. Prend la ventouse pour dégorger les seins qui sont un peu durs. Auréoles tuméfiées, rouges, traînées de lymphangite sur les seins. Extrémités des seins chaudes; un peu de mammite diffuse avec élancements, du côté des aisselles. Sort bien résolue à cesser l'allaitement par les seins.

Obs. XX. — Mamelons rétractés. — Crevasses aux deux mamelons. — Destruction du mamelon gauche. — Un peu de mammite superficielle à gauche. — Température s'élevant à 40,2. — Allaitement maternel impossible.

B...(Marie), âgée de 18 ans, née à Annonay (Ardèche), est entrée le 12 mars 1877, au n° 20 de la salle Notre-Dame (hôpital de la Pitié). C'est une fille blonde bien conformée; face scrofuleuse, luisante; lèvres épaisses, paupières un peu gonflées, à bords rouges. Pas d'antécédents pathologiques. Etant petite, elle a eu souvent mal aux yeux, aux oreilles, et a eu des gerçures, glandes, etc. Réglée à 13 ans et demi, mais mal. Ne voyait souvent que toutes les six semaines; primipare. Sa grossesse s'est bien passée. Pas de vomissements, seulement des nausées; quelques crampes.

13 mars. Douleurs hier soir; n'en a pas eu ce matin. O. I. D.

Le 14. Quelques petites douleurs; n'a pas perdu d'eaux.

2 avril. Les douleurs l'ont prise cette nuit; col dilaté et dilatable; on sent la poche des eaux.

Le 3. Accouchée normalement hier soir à 8 heures, d'un garçon de 3,100 grammes. On a percé la poche à 7 heures. Auréoles couleur café au lait; pas de bouts; se font un peu par traction. Vergetures violacées convergeant vers les mamelons, et occupant toute la moitié antérieure de la surface des seins. Va bien ce matin.

Le 4. Seins gonflés. Va bien.

Le 5. L'enfant a de l'ictère; conjonctives jaunes. Bouts sensibles.

Le 6. Gerçures aux seins qui sont volumineux; ventouses pour dégorger.

Le 7. Seins gros, volumineux, douloureux; crevasses à la base; vésicules d'herpès aux lèvres et aux ailes du nez; pas d'autre cause de fièvre que les gerçures. Compresses de vin. Soir, Temp. 39°,2; P. 120.

Le 8. Fièvre intense; sein gauche très-douloureux; rien sous les aisselles; mamelon gauche effacé, couvert d'eschares; extrémité du sein rouge et enflammée. Cataplasmes depuis deux jours. Ne peut pas allaiter. Ventouses pour dégorger. Le sein droit est en assez bon état, quoique le bout soit court, irrégulier et difficile à faire.

Matin, T. 40°20; P. 120. Soir, T. 39°; P. 116.

Le 9. Pustules jaunes d'herpès aux ailes du nez; celles des lèvres sont sèches. Allaitement impossible par le sein gauche, dont le bout n'est qu'une ulcération; difficile du côté droit. On fera placer l'enfant parce que la mère ne peut le nourrir. T. 30° matin. Soir, T. 39°1. P. 100.

Le 10. Ne donne pas à téter; peu de lait à droite, sein flasque. Cataplasmes sur le gauche, dont le bout est détruit. L'enfant a toujours de l'ictère.

Le 11. Ne peut donner le sein à son enfant. Sort.

Obs. XXI. — Crevasses aux deux mamelons. — Lymphangite à droite. — Cautérisation au nitrate d'argent. — Métrite. — Ophthalmie purulente double chez l'enfant. — Dépérissement de l'enfant. (*Résumé.*)

Le 13 avril 1875, la nommée V... (Joséphine), couturière, âgée de 23 ans, née à Toulouse, est entrée au n° 36 de la salle Notre-Dame (hôpital de la Pitié). Bien conformée, mais faible et délicate; mamelons assez bien faits. Accouchée normalement le jour de son entrée, d'une fille bien constituée et assez forte. Quelques jours après son accouchement, elle a été prise de fièvre et de douleurs abdominales. On a ordonné des cataplasmes et des toniques. En même temps les mamelons se sont gercés, les seins se sont engorgés, sont devenus douloureux, et il s'est produit une large crevasse à la base de chaque mamelon. On remarquait aussi sur la surface du sein droit des traînées de lymphangite s'irradiant du mamelon droit. Cette femme souffre beaucoup de ces crevasses et pousse des cris quand on les cautérise avec le nitrate d'argent. Quoique cela la fasse horriblement souffrir, elle fait tous ses efforts pour allaiter convenablement son enfant; mais celui-ci ne tarde pas à ressentir les effets du mauvais état des seins de la mère et dépérit. Il est, en outre, affecté d'une ophthalmie purulente double, que l'on traite par les lavages répétés à l'eau fraîche et par le nitrate d'argent. Après quelques cautérisations, les crevasses de la mère se fermèrent et guérirent. A partir du jour où la fièvre se déclara, la température fut assez élevée pendant une quinzaine. Peu de sommeil. Il y eut comme des poussées intermittentes. La température baissa; on observa encore une hausse, puis tout rentra dans l'ordre.

Du 10 au 16 mai, la température s'est maintenue entre 38°4 et 37°3, et le pouls entre 104 et 70. Le 15 mai la malade allait très-bien et le 16 elle sortait guérie de sa métrite et de ses crevasses. L'enfant ne dépérissait plus et était assez bien portant.

Obs. XXII. — Hémorrhagie *post partum*. — Crevasses aux deux mamelons. — Allaitement excessivement douloureux et très-difficile.

Le 3 juillet 1875, la nommée B... (Anna), veuve L... (Eusèbe) journalière, âgée de 36 ans, primipare, née à Sambré (Corrèze), est entrée au n° 8 de la salle Notre-Dame (hôpital de la Pitié). Bonne constitution; mamelons assez bien conformés. Accouchée ce matin d'un beau garçon à terme. A la visite, cette femme était couchée horizontalement, la face pâle. L'accouchement s'était bien passé; la délivrance avait été naturelle et complète, mais quelque temps après il était survenu une hémorrhagie grave. On donna les premiers soins ordinaires; on administra le seigle ergoté et l'hémorrhagie cessa vite. La quantité de sang perdu peut être évaluée à 1,500 grammes. Ventre mou; utérus revient; ne souffre pas.

4 juillet. A encore perdu du sang hier soir. Ventre gonflé; tympanisme. L'enfant a tété ce matin pour la première fois. Cataplasmes; anis en potion et en lavements.

Les 5 et 6. Le ventre dégonfle. Le sein gauche est dur et le mamelon gercé au sommet. Donne le sein à plusieurs enfants.

Le 7. Rien de particulier. Mamelon gauche toujours gercé et douloureux. Compresses de vin sucré.

Le 8. Larges crevasses ulérées à la base et sur le côté du mamelon gauche; le mamelon droit est gercé. Seins gonflés; le lait s'écoule spontanément des deux côtés. L'enfant tête; il est un peu jaune. L'allaitement est excessivement douloureux. — Traitement : ut suprà.

Le 9. Les crevasses sont dans le même état et saignent quand l'enfant tète. La mère pleure en donnant le sein. L'enfant va assez bien. Traitement : ut suprà.

Le 10. Les seins sont moins durs; du mieux; bel enfant. Traitement : ut suprà.

Les 11, 12, 13. Du mieux aux mamelons, surtout au droit. Seins encore un peu durs. L'enfant tète toujours bien, et la mère donne toujours bien les seins, malgré les douleurs qui sont pourtant moins vives. — Même traitement.

Les 14 et 15. C'est le mamelon gauche le plus douloureux. Les seins ne sont plus gonflés.

Le 16. Du mieux ; les crevasses se cicatrisent.

Le 17. Eschares sur le mamelon gauche ; le sein de ce côté est un peu dur et douloureux ; le sein droit va bien.

Le 18. Sort non tout à fait guérie. L'enfant va bien.

Obs. XXIII. — Syphilis probable. — Crevasses aux deux mamelons. — Température s'élevant à 40,5. — Allaitement maternel difficile.

Le 4 uillet 1875, La nommée R... (Marie), blanchisseuse, âgée de 24 ans, née à Limoges (Haute-Vienne), primipare, est entrée à l'hôpital de la Pitié, au n° 17 de la salle Notre-Dame.

5 juillet. Accouchée hier soir d'un enfant pesant 2,500 grammes, probablement avant terme. Cette femme est bien constituée ; elle a eu une grossesse normale ; mais on observe sur tout le corps et surtout aux fesses une éruption suspecte, et on trouve l'exostose médio-palatine de Chaussier. L'enfant a également sur tout le corps une éruption roséoliforme. Tous deux paraissent atteints de syphilis. Mamelons assez bien conformés.

Le 6. Lait non monté. A reçu jadis un coup sur le sein gauche. L'auréole gauche est dure. Crevasse au sommet du mamelon droit.

Le 7. Crevasses à droite. Gerçures à gauche.

Le 8. Même état des gerçures ; frisson dans la soirée, T. 40°5 soir. P. 124.

Le 9. L'enfant tète mal, dépérit. Diarrhée verte. Crevasses aux deux mamelons. T. 39°1 matin, 39°8 soir. P. 96 matin, 106 soir.

Le 10. Crevasses très-douloureuses à la base des deux mamelons. Gerçures aux deux sommets. T. 38°2 matin, 38°4 soir. P. 92 matin, 88 soir.

Le 11. Même état. Allaitement pénible. T. 37°8 matin, 37°9 soir. P. 88 matin, 92 soir.

Le 12. Mieux. T. 37°7 matin, 37°8 soir. P. 88 matin, 84 soir.

Le 13. Mieux. L'enfant tète mal ; vomit du lait caillé ; coliques ; diarrhée verte ; pâle, maigre ; dépérit.

Le 14. Sort non guérie avec un enfant malade.

Obs. XXIV. — Invagination du mamelon droit. — Disparition du mamelon gauche, à la suite d'abcès consécutifs à un allaitement antérieur. — Impossibilité de l'allaitement maternel.

V... (Marie), domestique, née à Surianville (Vosges) est entrée le 13 juin 1876, à l'hôpital de la Pitié, au n° 16 de la salle Notre-Dame. Constitution moyenne.

Accouchée le même jour d'un bel enfant à terme.

Le 14. A la suite d'un allaitement antérieur, cette femme a eu de nombreux abcès au sein gauche. Elle est restée environ 6 mois à l'Hôtel-Dieu pour se faire soigner, et là, on lui a donné plusieurs coups de bistouri dans le sein malade. En ce moment le mamelon gauche a presque totalement disparu ; la surface de la mamelle est lisse à l'endroit où il devrait être, et il est impossible de le faire saillir par des titillations et des tractions répétées. Le mamelon droit est complètement invaginé et rentré dans le sein, et il est très-difficile de le faire saillir de 2 ou 3 millimètres. L'enfant tète avec peine de ce côté.

Le 15. L'enfant ne peut têter. La mère ne se prête pas autant qu'elle le pourrait peut-être, à lui faire prendre le sein droit.

Le 16. Les deux seins sont durs, engorgés, douloureux. On applique de la ouate et on la purge. Fièvre le soir.

Le 17. Encore de la fièvre. Même état des seins. On continue à faire passer son lait. L'enfant est nourri au lait chaud et sucré.

Le 18. Du mieux. Seins moins gonflés et moins douloureux.

Le 19. Les seins s'engorgent de nouveau. La mère est faible et ne peut s'en aller, quoiqu'elle le désire. L'enfant va bien.

Le 20. Amélioration.

Le 21. Sort à peu près rétablie. L'enfant va bien, mais la mère sera obligée de le mettre en nourrice.

Obs. XXV. — Invagination complète des deux mamelons. — Allaitement maternel impossible.

G... (Marie), âgée de 19 ans, couturière, née à Paris, est entrée le 7 décembre 1876, à l'hôpital de la Pitié, au n_0 9 de la salle Notre Dame. C'est une fille blonde, au teint coloré. Cicatrices de variole, qu'elle a contractée à l'âge de trois semaines. A été longtemps soignée par M. Galézowski en 1870, pour des vaisseaux variqueux dans l'œil; on les lui a extirpés à différentes reprises; a encore la vue trouble. On ne remarque rien de particulier à l'inspection à l'œil nu. Réglée à 11 ans, jamais bien ; voyait tous les deux, trois ou quatre mois et peu chaque fois. Bonne santé, et paraît bien constituée. Primipare.

8 décembre. Aucun vomissement durant sa grossesse; quelques crampes et c'est tout. Perdu un peu de liquide sanguin. O.I.G.A. Poche des eaux bombe; orifice dilaté comme pièce de 5 francs. Hier soir et cette nuit, elle a vomi de la bile qui colore son linge et ses effets.

Le 9. Douleurs jusqu'à 5 heures hier soir; la poche bombait beaucoup ; la présentation à ce moment était douteuse. On se préparait à intervenir, lorsque la poche se rompit et l'accouchement se fit presque subitement. Garçon pesant 3650 grammes. Auréoles brunes mouchetées; pas de mamelons; sont complètement invaginés et l'on voit une boutonnière à bords mousses. Se trouve bien ce matin.

Le 10. Pas de saillie des mamelons; allaitement impossible; seins grumeleux; le lait coule un peu.

Le 11. L'enfant est partie hier. Ouate sur les seins. Purgatif

Le 12. Perd son lait. Ouate; purgatif.

Le 13. Bien.

Le 14, 18. Sort guérie.

Obs. XXVI. — Invagination des mamelons. — Leur inflammation avec engorgement des ganglions axillaires. — Allaitement maternel impossible.

F... (Marie), âgée de 19 ans, couturière, née à Boulogne (Pas-de-Calais), est entrée le 26 novembre 1876, à l'hôpital de la Pitié, au n° 21 de la salle Notre-Dame. C'est un jeune fille brun foncé, primipare. Réglée à 14 ans; médiocre constitution. A 13 ans elle a eu une attaque de rhumatisme articulaire aigu, et a été malade pendant 7 mois ; s'en ressent encore. Elle a été soignée par un médecin de l'Assistance publique. La grossesse s'est très-bien passée O.I.G.A. Tête dans l'aine, assez mobile, descendue dans l'excavation; col de 1 centimètre et demi. On met la pulpe de l'index dans l'orifice externe.

Le 27 nov. — 8 déc. Accouchée hier soir, normalement, après deux heures de grandes douleurs d'un garçon pesant 3100 gramm. Avait des douleurs depuis 10 heures du matin. Auréoles et bouts bruns; bouts très-courts, invaginés et s'invaginant davantage lorsqu'on les étire; à travailler beaucoup. Auréoles mouchetées et peu étendues.

Le 9. Lait monté ; seins gonflés et durs ; vergetures roses et violacées sur les seins; mamelles en poire; bouts disparus; complètement invaginés. Mamelons et seins douloureux jusque sous les aisselles, le lait coule un peu spontanément. La mère pleure ; l'allaitement est impossible.

Le 10. Les bouts rouges, sont un peu plus saillants, surtout le gauche; moins d'inflammation; un peu d'engorgement ganglionnaire douloureux à l'aisselle gauche. Mieux ; ne donne pas à téter.

Le 11. Mieux. La rougeur a disparu; les bouts font saillie de 6 à 7 millimètres ; mais le sommet est toujours invaginé et a pour résultat la compression des orifices des conduits galactophores, et l'écoulement du lait se fait difficilement.

Le 12. Mamelons sensibles, rouges ; pas de crevasses. Le droit se fait un peu difficilement, puis s'invagine de nouveau après la succion; le gauche est assez bien fait. L'enfant tète assez bien sa mère.

Le 13. Picotements dans les seins qui sont douloureux ; le lait coule ; l'enfant est envoyé au Dépôt.

Le 14. Bien.

Le 15. Très-bien.

Le 16. Sort guérie.

Obs. XXVII. — Mamelons effacés. — Ulcérations aux deux mamelons. — Douleurs extrêmement vives. — Allaitement maternel impossible.

F... (Marie), couturière, âgée de 33 ans, née à Châlons (Saône-et-Loire) est entrée à l'hôpital de la Pitié, au n° 7 de la salle Notre-Dame, le 13 mars 1877. C'est une femme brune, bien constituée; primipare. A été très-malade à 18 ans, au moment où elle allait être réglée. Bien réglée depuis; a eu ses règles durant les six premiers mois de sa grossesse. Pas de vomissements ni de nausées; rien de particulier pendant sa grossesse; quelques crampes.

Le 14. Accouchée normalement hier matin d'une grosse fille.

Auréoles moyennes, brun sale; tubercules de Montgomery très-apparents; pas de mamelons. Érosions très-douloureuses sur les mamelons. Va bien.

Le 15. Mamelons très douloureux.

Le 16. Seins volumineux, durs, rouges, enflammés. Pas de mamelons; à leur place il y a des érosions; douleurs sous les bras; la succion est très-pénible; ventouse pour dégorger. L'enfant a de l'ictère.

Le 17. Auréoles rouges, enflammées, excoriations extrêmement douloureuses sur les bouts qui sont à peine saillants; plus de douleur sous les bras. Vin, puis beurre de cacao; dégorge les seins avec la ventouse; l'enfant tète.

Le 18. Le mamelon gauche est dénudé et d'un rouge vif; des lambeaux blanchâtres d'épiderme sont soulevés et renversés en dehors. Auréoles rouges, enflammées; on y remarque quelques poils. Sur le mamelon droit, il y a une vaste eschare brune et jaune, provenant d'une ulcération cicatrisée; seins durs; succion extrêmement douloureuse; rien aux aisselles. Seins douloureux sur la limite axillaire; donne quand même le sein à l'enfant qui se porte bien.

Le 19. Ne peut plus donner le sein; rien aux aisselles. Cataplasmes. L'enfant est nourri à la cuiller, il y a encore de l'ictère.

Le 20. L'enfant va très-bien; n'est plus jaune. Les seins de la mère vont assez bien, ne sont plus douloureux ni engorgés. Cataplasmes et purgatifs. Sort. Placera son enfant, et reprendra sa profession.

INDEX BIBLIOGRAPHIQUE.

DUVAL (Joseph). — Du mamelon et de son auréole. Paris, 1861.

HŒLLING. — De la lymphangite mammaire des nouvelles accouchées. Paris, 1876.

CAZEAUX. — Traité de l'art des accouchements. Paris, 1874.

DELUZE. — Observations et réflexions à propos de quelques obstacles à l'allaitement. Paris, 1850, n° 91. (Gazette médicale).

VELPEAU. — Traité des maladies du sein.

GRAU Y O'DONNELL. — Des lésions non spécifiques du mamelon pendant l'allaitement. Paris, 1875.

Me BRÈS. — De la mamelle et de l'allaitement. Paris, 1875.

CALVET. — Contribution à l'histoire des suites de couches normales et pathologiques. Paris, 1875.

CHURCHILL. — Œuvres. Traduction de Le Blond. Paris, 1874, 2e éd.

PUECH (Albert). — Les mamelles et leurs anomalies. Paris, 1876.

PIORRY. — Des maladies du sein chez les nouvelles accouchées et les nourrices. Paris, 1875.

BRIOT. — Contribution à l'étiologie et au traitement de la mammite post-puerpérale. Paris, 1876.

JOULIN. — Traité d'accouchements. T. II.

ROSSI. — Influence de l'excoriation du mamelon chez les nourrices. Gazette médicale. Paris, 1845 (20 septembre).

DONNÉ. — Conseils aux mères sur la manière d'élever les enfants. Paris, 1842.

TROUSSEAU. — De l'allaitement. Gaz. des hôp., 1850.

BLEY. — Gazette médicale de Strasbourg, 1859.

GARDIEN. — Art. *Allaitement* du Dictionnaire des sciences médicales.

LANNELONGUE. — Art. *Mamelles* du Dictionnaire des sciences médicales.

CHAUVEL. — De quelques obstacles à l'allaitement. Paris, 1865.

BOUCHUT. — Conseils aux mères. Hygiène des enfants.

MILNE-EDWARDS. — Leçons sur la physiologie et anatomie comparée de l'homme et des animaux. Paris, 1870. Masson, tome IX.

RICHET. — Traité pratique d'anat. médico-chirurgicale. Paris, 1873.

CAUVET. — Histoire naturelle.

GEGENBAUR (Carl). — Manuel d'anatomie comparée. Paris, 1874.

Gazette des hôpitaux.

Comptes-rendus des séances de l'Académie de médecine.

Annales de gynécologie.

TABLE DES MATIÈRES.

Paris. — A. PARENT, imprimeur de la Faculté de Médecine, rue M.-le-Prince, 29-31.

www.ingramcontent.com/pod-product-compliance
Ingram Content Group UK Ltd.
Pitfield, Milton Keynes, MK11 3LW, UK
UKHW012053240726
13965UKWH00003B/1257